U0928282

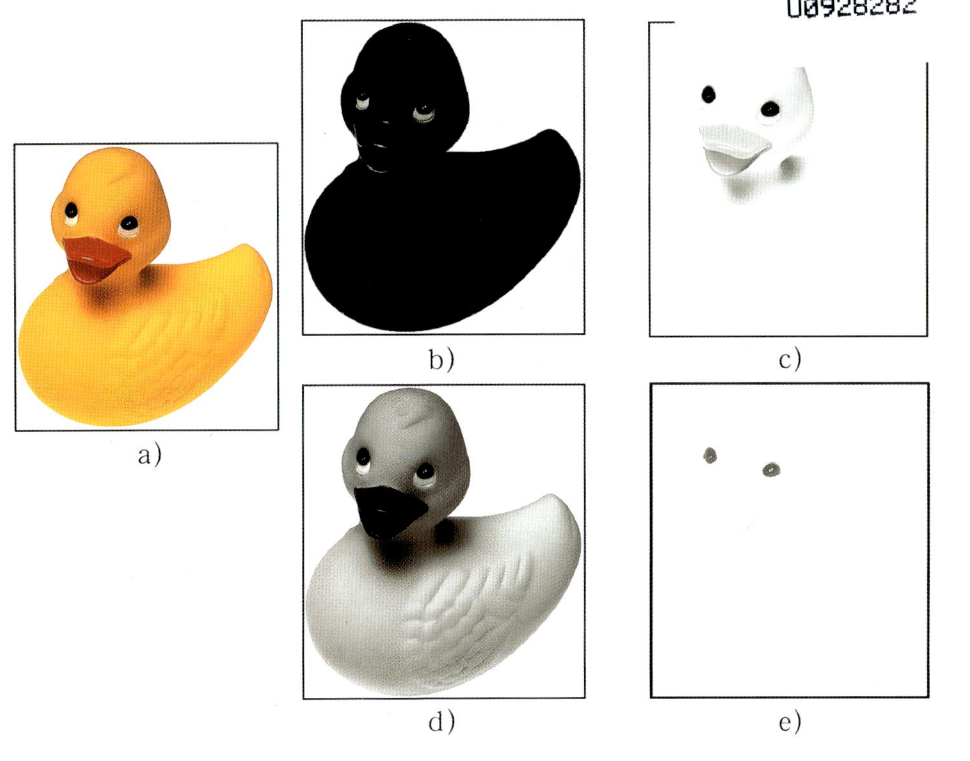

彩图 4　玩具鸭图像原稿及其分色版

a）原稿　b)、c)、d)、e）四色分色版

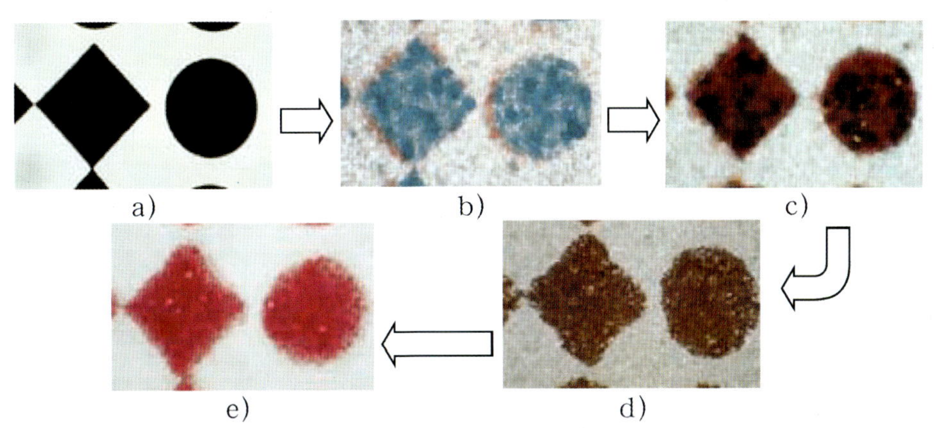

彩图 5 网点在印刷过程中的传递

a）胶片上的网点　b）印版上的网点　c）印版上吸附油墨后的网点

d）橡皮布上的网点　e）纸张上的网点

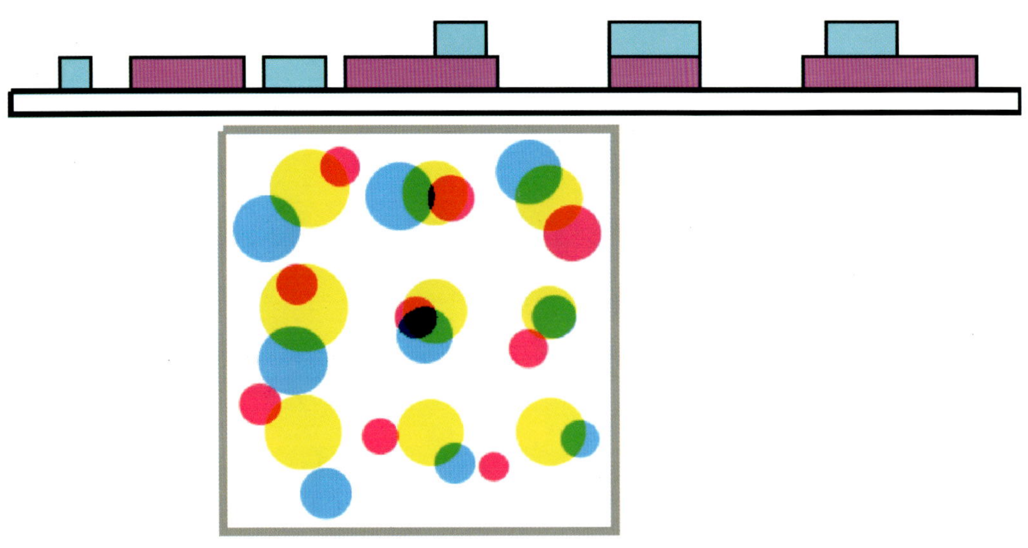

彩图 6 网点并列呈色和网点叠合呈色

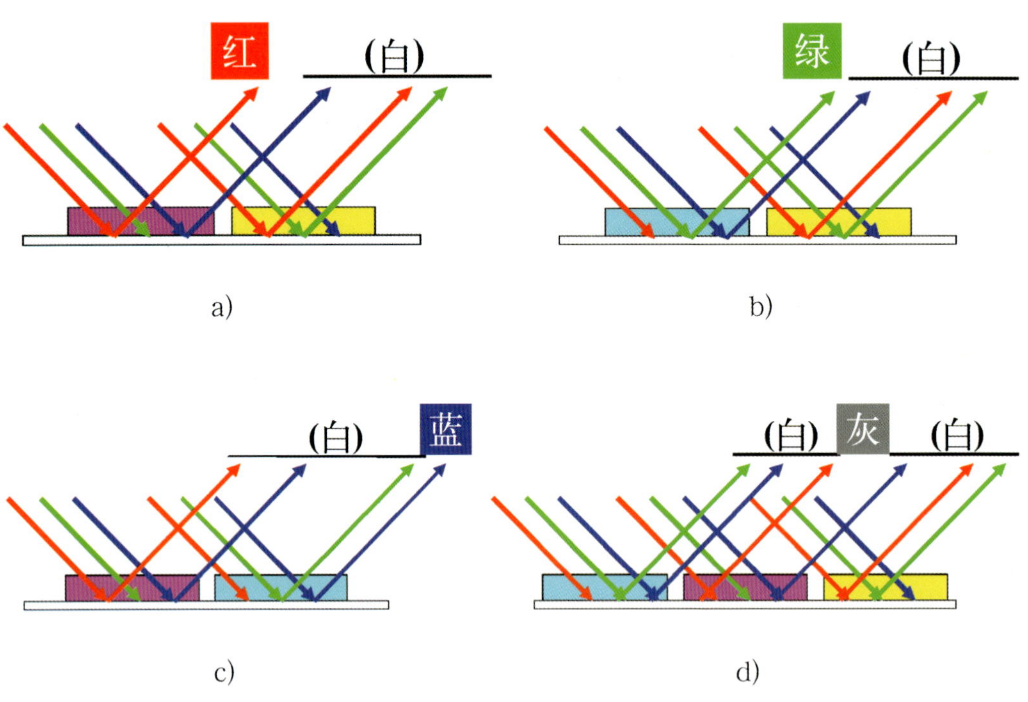

彩图 7 网点并列呈色原理

a）品红／黄网点并列呈色 b）青／黄网点并列呈色

c）品红／青网点并列呈色 d）青／品红／黄网点并列呈色

国 家 级 职 业 教 育 规 划 教 材
人力资源和社会保障部职业能力建设司推荐
全国中等职业技术学校印刷专业教材

印刷概论

（第二版）

人力资源和社会保障部教材办公室组织编写

陈章才 主 编
唐裕标 主 审

中国劳动社会保障出版社

图书在版编目(CIP)数据

印刷概论/陈章才主编. —2版. —北京：中国劳动社会保障出版社，2013
全国中等职业技术学校印刷专业教材
ISBN 978-7-5167-0285-7

Ⅰ.①印… Ⅱ.①陈… Ⅲ.①印刷-中等专业学校-教材 Ⅳ.①TS8

中国版本图书馆 CIP 数据核字(2013)第 053954 号

中国劳动社会保障出版社出版发行
（北京市惠新东街 1 号 邮政编码：100029）
出 版 人：张梦欣

*

北京隆昌伟业印刷有限公司印刷装订 新华书店经销
787 毫米×1092 毫米 16 开本 9 印张 1 彩插页 206 千字
2013 年 4 月第 2 版 2019 年 6 月第 3 次印刷
定价：17.00 元

读者服务部电话：(010) 64929211/84209101/64921644
营销中心电话：(010) 64962347
出版社网址：http://www.class.com.cn
http://zyjy.class.com.cn

版权专有 侵权必究
如有印装差错，请与本社联系调换：(010) 81211666
我社将与版权执法机关配合，大力打击盗印、销售和使用盗版图书活动，敬请广大读者协助举报，经查实将给予举报者奖励。
举报电话：(010) 64954652

简　介

JIANJIE

本教材为全国中等职业技术学校印刷专业国家级规划教材，由人力资源和社会保障部教材办公室组织编写。教材首先从人们熟悉的图章刻印入手，引入印刷的基本概念，介绍印刷的相关要素，进而以几种典型印刷产品的生产加工流程为主线，对印刷专业相关知识进行了全面阐述，主要内容包括印刷基本要素、单页单色印刷品的印制、彩色单页印刷品的复制、书刊的印制和包装产品的印制等。教材在正文中穿插了“想一想”栏目，设置具有启发性的问题，引导学生积极思考；在每节后安排了“思考练习题”，帮助学生巩固所学内容。教材配有电子课件，可登录 www. class. com. cn 在相应的书目下载。

本教材由陈章才任主编，刘舜雄、张梅英、王辉、张清深、万名兵参加编写，唐裕标审稿。

目 录

MULU

第一章　印刷基本要素

印刷术起源于中国，在漫长的发展历程中，其技术和工艺也随着时代的发展而不断得到改进，且形式上已经由最早的手工作坊逐步演变为现代化的工业生产，印刷速度越来越快，质量越来越好，自动化程度也越来越高。如今，基于计算机和网络科技的数字印刷技术已经成为印刷业的发展方向。

印刷基本要素是指在完成一件印刷品的复制过程中需要的那些最基本的元件。对于传统印刷而言，印刷有五大要素，它们分别为原稿、印版、油墨、承印物、印刷机。而对于数字印刷而言，印刷只有四大要素，即原稿、油墨、承印物、印刷机。

第一节　图章刻印与印刷

人们熟悉的印章被广泛使用于各行各业，作为一个单位或个人的信验。而且，随着社会的发展，印章被赋予了很多特殊的意义，图 1—1 所示的北京 2008 年奥运会会徽就是印章的形式。

图 1—1　北京 2008 年奥运会会徽

从某种程度上说，印章制作的过程其实也是一个简单的印刷过程。制作印章，首先要设计印章内容，可以手绘，也可以借助计算机来得到所要刻制的文稿，这个手稿或文稿就是刻印章的原稿。

【想一想】

印章原稿的文字应该是正字还是反字呢？为什么？

接着要进行相关材料的准备。应该准备的材料有印材（木料、橡胶或石料等）、制印工具（刻刀、印泥、纸）等。

刻章前首先将刻面磨平，然后将原稿反贴其上，再用刀具进行雕刻。一般有两种刻字方式，一种是刻凹字，即将文字部分刻去，形成一个阴字章，如图 1—2 所示；另一种是刻凸字，即将文字部分保留，而将非文字部分刻去，形成一个阳字章，如图 1—3 所示。

图 1—2　阴字章

图 1—3　阳字章

章刻好后就可以上印泥。上印泥的量和均匀性是盖出清晰印迹的关键。

最后是盖印。将上好印泥的章以一定的压力盖向纸张，在纸张上留下相应的图文。

印刷术在我国的发明与印章的使用有着直接的关系（图 1—4 所示为古代印刷的雕刻木版）。即使是当今最先进的印刷工艺，也都有许多图章刻印过程的影子。从印刷的角度来说，设计出的手稿或文稿相当于印刷的原稿，刻章的过程就是制作印版的过程，刻出的章就是印刷版，印泥的功能与印刷油墨的功能一样，盖到纸上的印就相当于一件印刷品。

图 1—4　雕刻木版

思考练习题

1. 刻两枚印章，一枚阴字章，一枚阳字章，并在下面盖印，比较这两种章的不同。

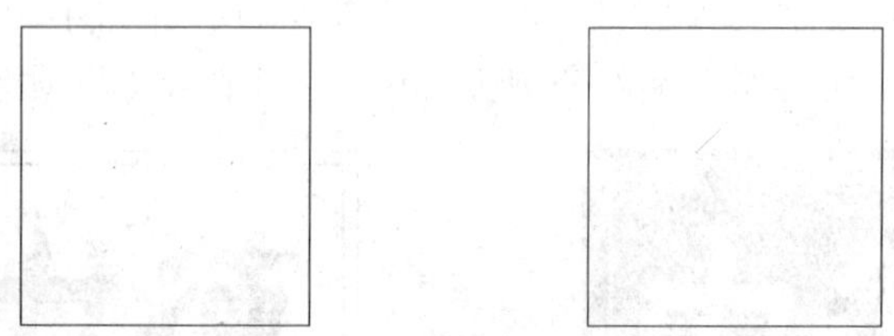

2. 取一枚印章，分别以不同的印泥量盖印，比较得到的三个印的不同。

印泥较少	印泥中等	印泥较多

3. 取一枚印章，上相同量的印泥但分别以不同的压力盖印，比较得到的三个印的不同。

4. 尝试在不同的材料（布、木板、橡胶、玻璃、皮革等）上盖印，比较在不同材料上盖印的不同效果。

5. 取一枚印章，上相同量的印泥但分别在不同底衬（一为硬性衬垫，如桌面；一为软性衬垫，如胶皮）的纸张上盖印，比较得到的印的不同。

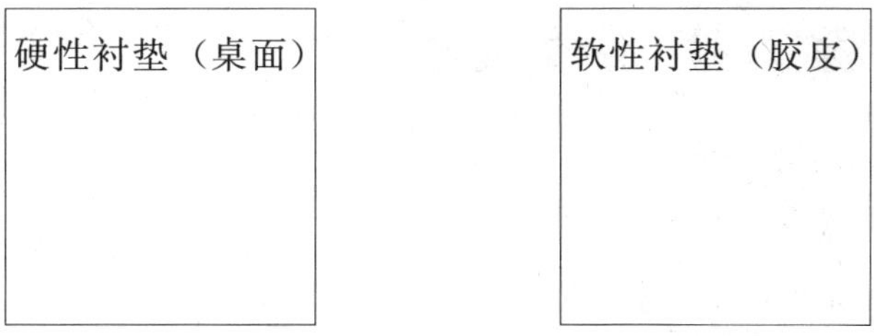

第二节　印刷相关要素

一、一个简单的印刷模型

与盖印需要一定的压力一样，印刷通常也离不开压力。印刷的油墨需要在一定的压力作用下才能够正常地转移到待印的材料上（常称为承印物）。印刷压力多由印刷机通过机械方式施加，如图 1—5 所示。

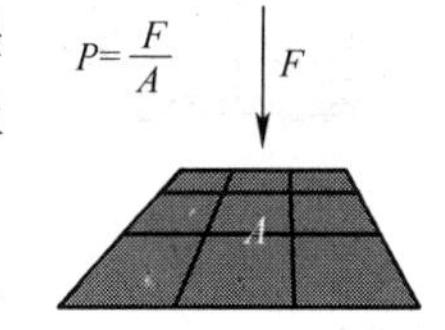

图 1—5　印刷压力

F 为印刷机施加的作用力，然而它只是决定印刷效果的一个方面，它与压力作用面的面积 A 共同决定印刷效果。正如盖印一样，当遇到面积比较大的章时，需要盖印的力大一些才能得到一枚清楚的印迹，所以说印刷中决定印刷效果的是压强 P。

在传统印刷中，要实现印刷全过程，必须具备原稿、印刷版（简称印版）、油墨、承印物和印刷机这五大要素。

由表 1—1 可以看到一个简单的印刷过程。

印版上吸附油墨的部分称为印刷部分，也称图文部分；不吸附油墨的部分为非印刷部分，也称空白部分。印版上图文部分吸附油墨之后，在压印体（印刷机）的压力作用下，油墨就会转移到承印物上，从而完成一次印刷过程。目前最主要也是最常见的承印物就是纸张，除此之外，塑料薄膜、铁皮、织物、玻璃等都可以用作承印物。

表 1—1　　印 刷 过 程

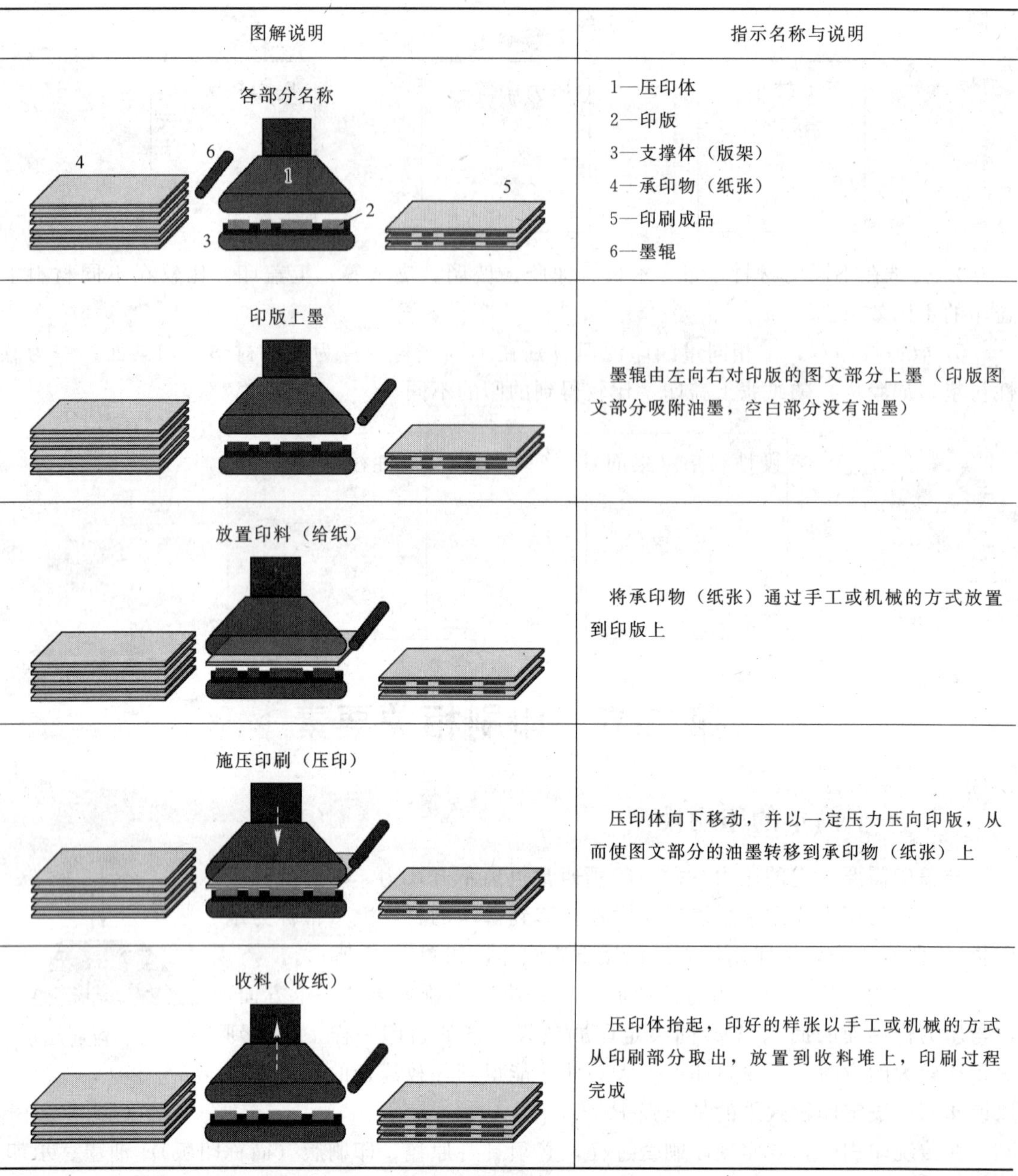

图解说明	指示名称与说明
各部分名称	1—压印体 2—印版 3—支撑体（版架） 4—承印物（纸张） 5—印刷成品 6—墨辊
印版上墨	墨辊由左向右对印版的图文部分上墨（印版图文部分吸附油墨，空白部分没有油墨）
放置印料（给纸）	将承印物（纸张）通过手工或机械的方式放置到印版上
施压印刷（压印）	压印体向下移动，并以一定压力压向印版，从而使图文部分的油墨转移到承印物（纸张）上
收料（收纸）	压印体抬起，印好的样张以手工或机械的方式从印刷部分取出，放置到收料堆上，印刷过程完成

传统印刷就是将原稿上的图像或者文字信息转制到印刷版上（制版），再以油墨的形式在印刷机的压力作用下转印到承印物上的大量还原复制过程。

二、三种印刷压印的方式

根据印刷机在印刷时施加压力的方式不同，印刷可分为平压平、圆压平、圆压圆三种，如图 1—6 所示（深色部分是承印物）。

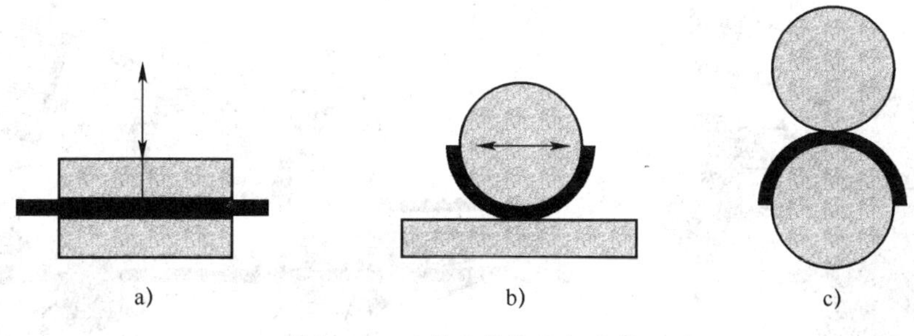

图 1—6　三种主要的压印方式
a）平压平　b）圆压平　c）圆压圆

1. 平压平

平压平压印方式如图 1—6a 所示，上面部分为压印体，做上下移动，向下时为合压（工作）行程，向上时为离压（返回）行程；下面部分为印版，它们都是平的。采取这种压印方式印刷时，因为合压区的面积较大，需要施加很大的作用力才能得到理想的印刷效果，因此只能进行幅面相对较小的印版的印刷。同时由于压印体存在返回行程运动，印刷机的印刷速度相对较慢，一般每小时不超过 5 000 印。图 1—7 中的这台印刷机就是采用平压平方式印刷的，图 1—8 所示为该印刷机的结构简图（这种印刷机通常称为老虎机）。

图 1—7　平压平印刷机外观

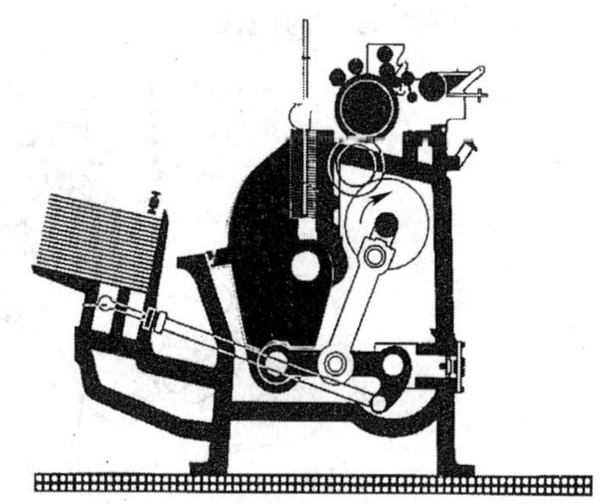

图 1—8　平压平印刷机结构简图

2. 圆压平

圆压平压印方式如图 1—6b 所示，上面圆柱滚筒体为压印体（压印滚筒），做左右滚压移动，向左时为工作行程，向右时为返回行程。此时压印滚筒与下面的印版间没有压力，印版为平版。承印物是包裹在滚筒上来接受印刷的。与平压平相比，印刷时合压区的面积大大减少了，所以无须太大的机械作用力就可以得到较大的印刷压力，且它可以进行较大幅面的印刷。与平压平一样，压印滚筒也需要有一个返回行程，所以也无法得到较快的印刷速度（一般每小时也不超过 5 000 印）。

有的圆压平印刷机印版包裹在只做转动的滚筒体上，而承印物平铺固定在做左右水平移动的平板台上。图 1—9 所示为圆压平印刷机外观，图 1—10 所示为该印刷机的结构简图。

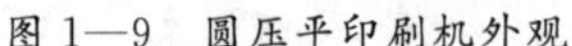

图 1—9　圆压平印刷机外观

图 1—10　圆压平印刷机结构简图

【想一想】

为什么带有返回行程运动的印刷机无法达到很高的印刷速度?

3. 圆压圆

圆压圆压印方式如图 1—6c 所示，压印体为圆柱滚筒体，外表包有承印物，印版也包裹在一个圆柱滚筒体上。印刷时两个滚筒体始终处于合压状态，并且连续回转，所以通常也称这种印刷方式为轮转印刷。这种印刷方式只需要很小的机械作用力就可以得到比较理想的印刷压力，并且能够得到很高的印刷速度，可以印刷幅面相对较大的印版。图 1—11 所示为一台圆压圆印刷机的结构简图。

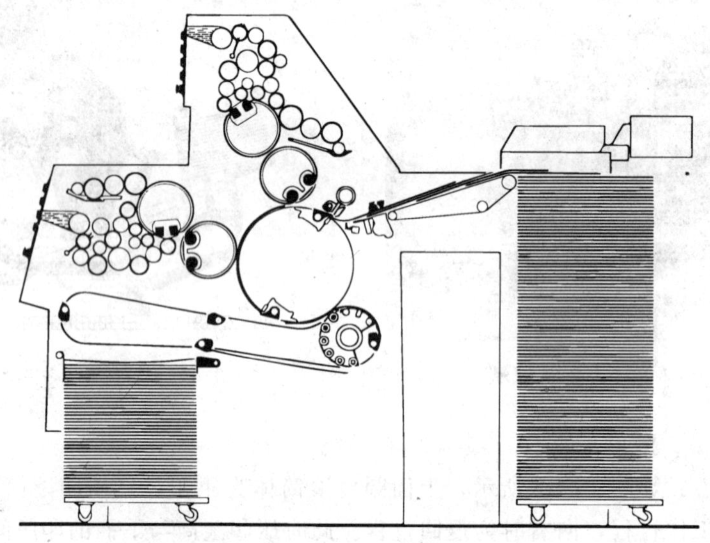

图 1—11　圆压圆印刷机结构简图

三、直接印刷与间接印刷

根据图文部分油墨转移到承印物上的方式，还可将印刷分为直接印刷与间接印刷两种，如图 1—12 所示。

如图 1—12a 所示为直接印刷，上部为印版部分，下部为压印部分，中间粗线条部分为承印物。其特点为印刷中印版通过与承印物直接接触的方式转印图文部分的油墨，这样印版上的图文就必须是反的（与印章类似），转印到承印物上的图文才是正的。直接印刷是目前使用较多的印刷方式。从图 1—12b 的间接印刷示意图中可以看出，印刷中承印物与印版没有直接接触，印版上的油墨通过一个中间体间接地转移到下面的承印物上。目前在印刷书刊、杂志、报纸、画册等时大量使用的胶印工艺就是典型的间接印刷方式，如图 1—13 所示。这时印版上的图文和印到承印物上的图文都是正的，中间体上的图文是反的。

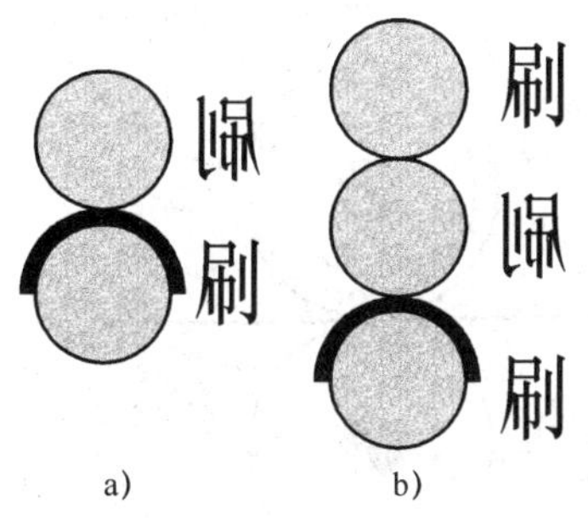

图 1—12　印刷示意
a）直接印刷　b）间接印刷

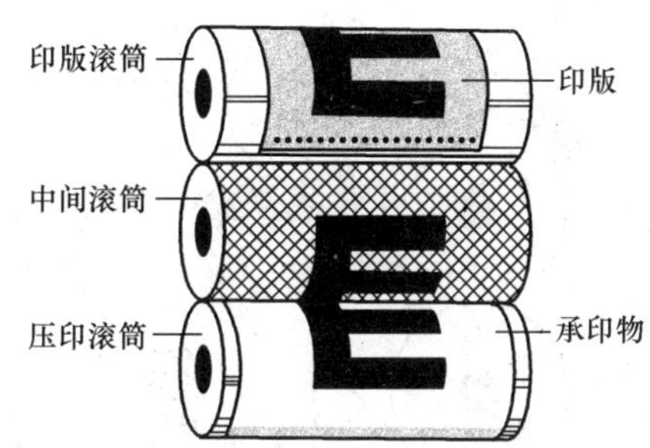

图 1—13　三滚筒胶印机间接印刷原理

思考练习题

1. 图章刻印从印刷的角度上来说属于哪种压印方式，是直接印刷还是间接印刷？

2. 指出图 1—14 至图 1—16 中的印刷机施压形式及其特点分别是什么？分别是直接印刷还是间接印刷，有什么特征？

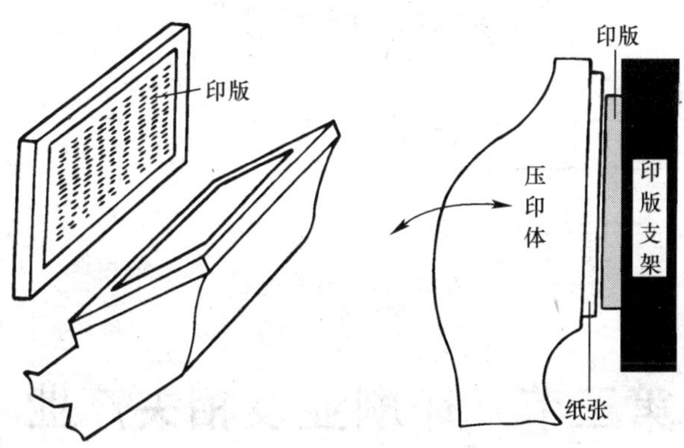

图 1—14　施压形式一

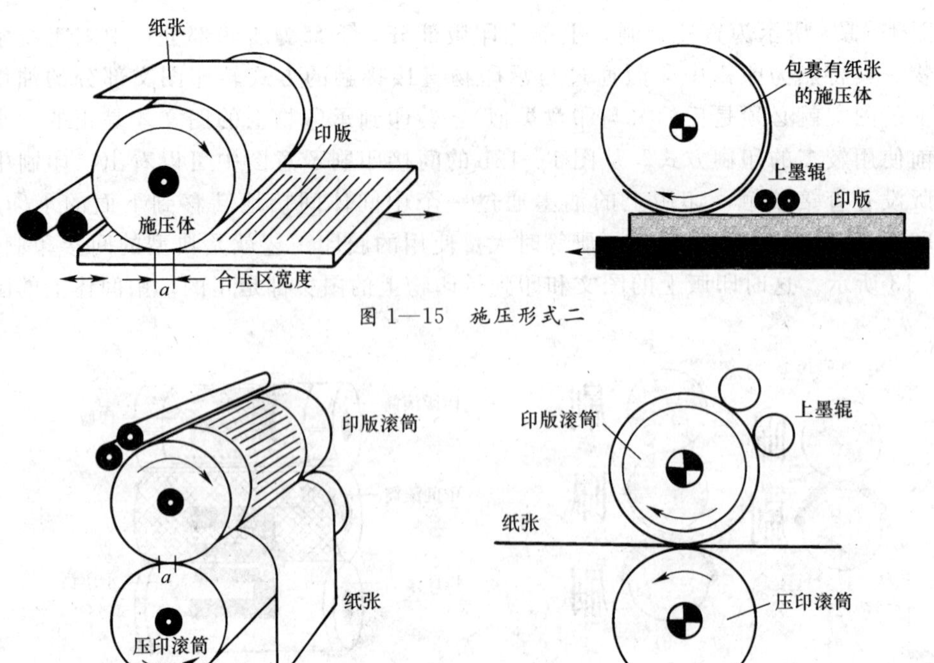

图 1—15　施压形式二

图 1—16　施压形式三

3. 对照图 1—17，说明该书刊印刷机的工作过程，指出图中印刷五要素中缺了哪一个。

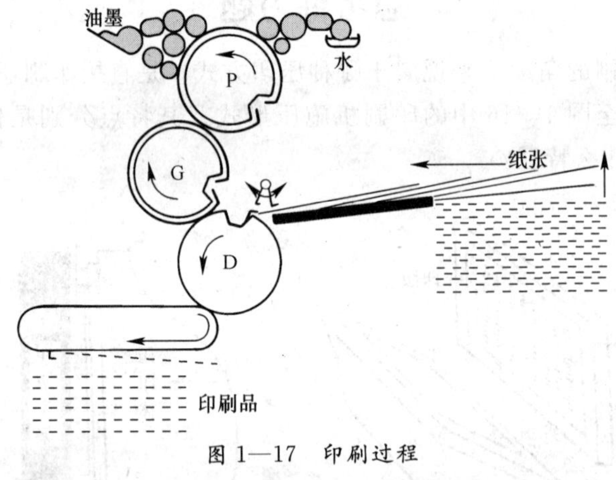

图 1—17　印刷过程

第三节　印刷业及相关产业

印刷术是我国古代的四大发明之一，然而以工业化生产为特征的现代印刷技术却起源于西方。随着计算机和网络技术的发展，传统印刷工业记录和传播信息的垄断地位受到了挑战，信息传递的形式日新月异，越来越趋于多样化。但是印刷作为信息传递的主导地位却要在相当长的一段时间内保持下去。

通过图 1—18 可以对当今印刷业及相关产业的现状有一个大概的了解，可以将印刷业及相关产业分成下面几个领域。

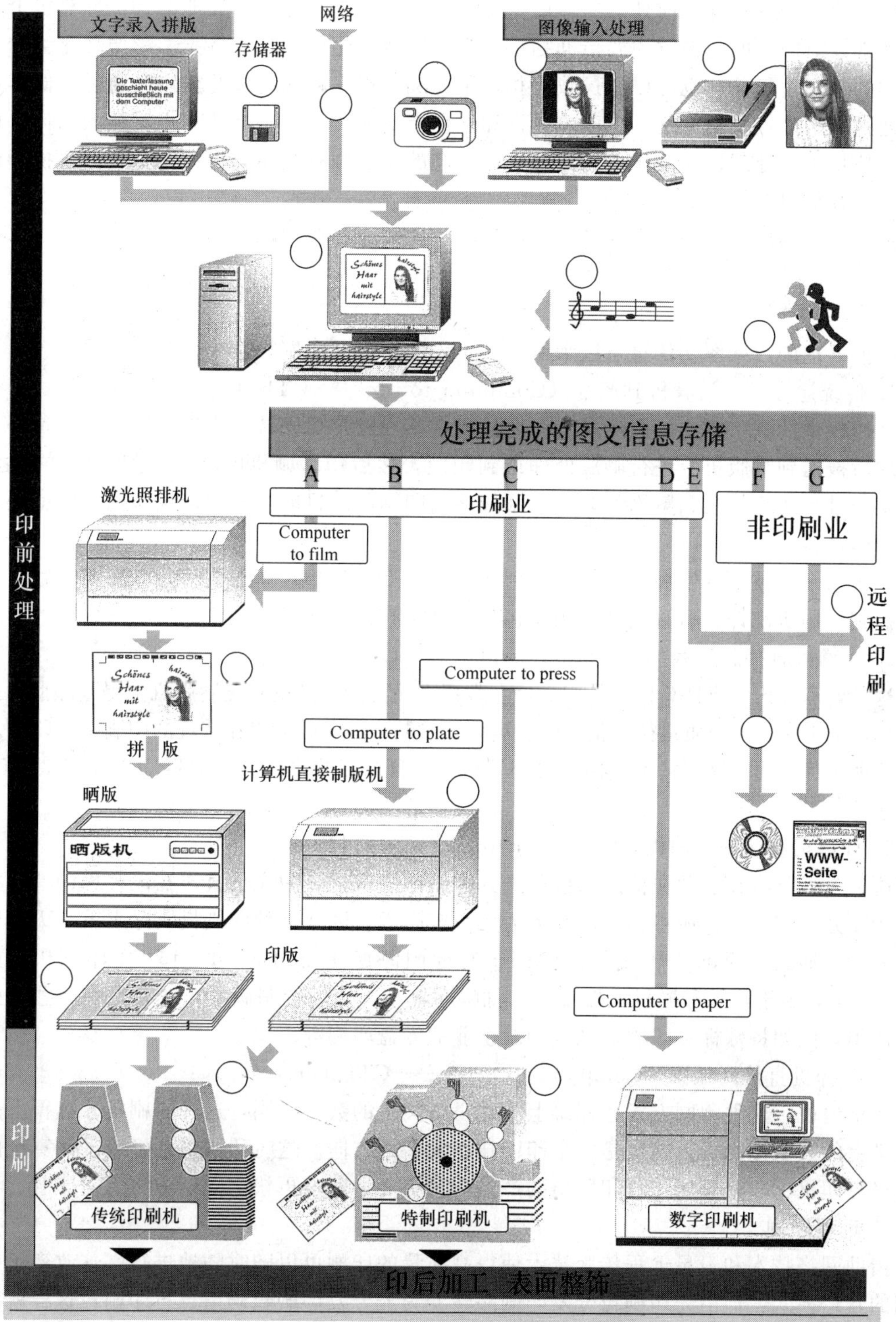

图 1—18 印刷业及相关产业

一、图文信息处理

图文信息处理也称印前处理。目前，文字、图像及其他信息的处理都是在计算机上完成的。通常，对原稿的图像首先要借助扫描仪来进行数字化处理，即将光学影像转化为计算机可识别的数字信号，这也可以通过数码相机来完成。现在越来越多的客户会通过存储器或者直接通过网络来提供图文信息。印前设计和制作专业人员会在一台功能相对强大的计算机上将这些信息进行处理，并制作成图文混排在一起的版面，有些还会将一个个版面再拼合成更大的版，并加以存储。

由此根据随后不同的处理途径，可以划分为印刷业和非印刷业。

二、印刷业

印前处理的数字图文信息可以采取五种不同的途径来印刷。

1. 传统途径——计算机到胶片（Computer to film——CTF）

计算机中的数字图文信息通过激光照排机对感光胶片曝光转化为光学影像，胶片经过适当处理后被送到晒版机上进行晒版处理得到印版，然后用印刷机印刷，得到印刷样张之后，还需要再进行印后加工和整饰处理，得到最终的印刷品。目前所说的传统印刷指的就是这种形式的印刷。

由于数字化技术的发展，产生了三种不同的 CTP 工艺技术：计算机直接到印版、计算机直接到印刷机和计算机直接到纸张（包括计算机直接打样）。

2. 计算机直接到印版（Computer to plate——CTPlate）

这种处理方式是将计算机中的图文信息数据直接传到计算机直接制版机中得到印版。这样大大简化了工序，并使质量得到很大的提高，同时制得的印版可以在传统的印刷机上印刷。

这两个优点使得这一技术很快便得到了推广，目前在我国进行的 CTP 工艺技术改造主要就是这种。

3. 计算机直接到印刷机（Computer to press——CTPress）

这种方式是将数字图文信息直接传送到特制印刷机上，激光头直接在滚筒面的特殊材料上进行曝光得到印版，所得到的印版多为无水胶印版，因此这种印刷机实际上就是无水胶印机的最主要形式。目前比较成熟的印刷机有德国海德堡公司的 DI - 46 - 4 印刷机，如图 1—19 所示，由于这种印刷机比较昂贵，且幅面较小，使用特制版材，主要是在一些特殊的行业使用，例如特殊标签印刷、光盘刻录企业的光盘印刷等。

4. 计算机直接到纸张（Computer to paper——CTPaper）

严格地说，这种印刷方式才称得上是真正意义上的数字印刷，这种印刷机才称得上是真正意义上的数字印刷机，这也是未来印刷技术发展的方向。这时印刷机已经成了计算机的一台超级打印机了，只是所“打印”出的产品质量更高，速度更快，印刷中更无需印版。

5. 远程印刷

借助网络技术和卫星远程传版技术使得高质量的印刷可以随时随地进行，这改变了传统印刷的营运模式，即由先印刷再分发印刷品转变为先分发印刷数码信息再印刷，这样就节约了时间和运输费用。目前这种印刷方式在报纸印刷领域已经较为普遍。

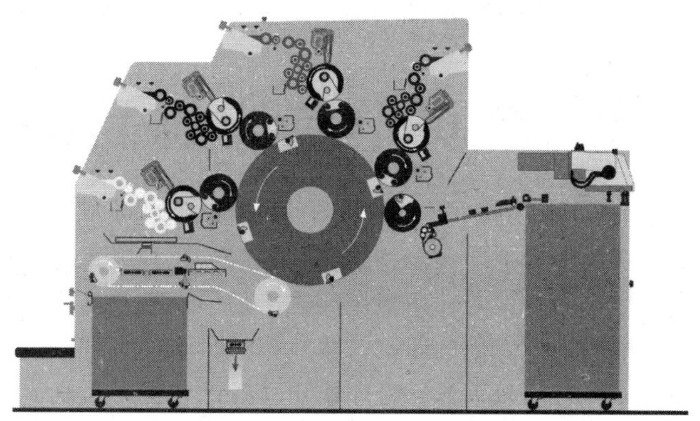

图 1—19　海德堡 DI-46-4 印刷机的结构

三、非印刷业

新兴的图文信息载体使得传播的途径变得多种多样，出现了很多非印刷的信息传播形式，如图 1—18 中 F 将处理过的信息制成光盘，G 将处理好的信息直接传送到互联网。与印刷业的传播形式相比，这些形式可以比印刷传播的内容更多更广。在图文信息处理时，也可以加入声音信号和视频文件等内容，从而实现了多媒体信息的记录和传播，这也是目前印刷业受到的挑战之一。

思考练习题

1. 写出下列字母的英文全称，并说明它们分别代表的含义。

CTF________________________________

CTPlate________________________________

CTPress________________________________

CTPaper________________________________

2. 我国印刷复制业目前大力推广和使用的 CTP 工艺是哪一种？它有哪些优势？

3. 什么是数字印刷？和传统印刷相比，数字印刷在工艺上有哪些不同？

第二章　单页单色印刷品的印制

所谓单色印刷是指在承印物上印刷一种墨色，只限于一种颜色的印刷方式。平时见到的绝大多数书刊内文都是黑白的，就是使用黑墨印刷出的印刷品。但是，单色印刷并不仅仅局限于黑色这一种，也可以是其他专色的印刷。单色虽然只限于一种颜色印刷，但同样可以产生丰富的阶调，达到令人满意的效果，并能印刷出特殊的色调，包括光泽色印刷与荧光色印刷。所以在印刷生产中的应用也较为广泛，如说明书和书刊内文的印刷。

最常见的单页印刷品是传单，这种印刷品的后加工工艺简单，只需要将印刷出的中间产品进行裁切就可以了，无需折页、装订等处理。

单页单色印刷品的印制过程相对比较简单，但与一般的印刷品一样，也要经过印前处理、印刷和印后加工三个主要的加工工艺过程。

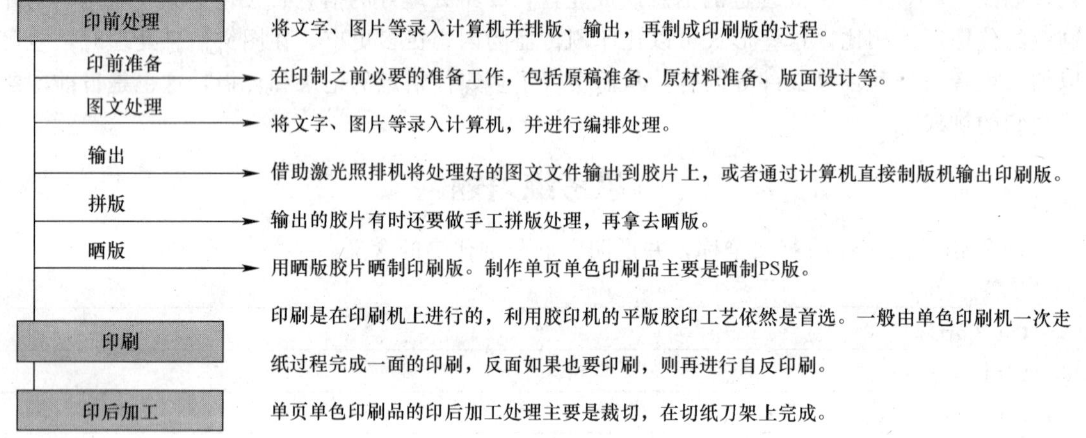

第一节　印前准备

传单是常见的单页单色印刷品，在正式制作传单之前，首先要做一些必要的准备工作，其中包括相关原稿、印刷材料的准备，版面和工艺过程设计等。

印刷单页单色传单的承印物主要是纸张，纸张的性能和质量直接影响印刷的效果，纸张也是所有印刷材料中占用成本比例最高的。

一、纸张

造纸术也是我国古代的伟大发明之一，图 2—1 描绘了我国古代一个造纸作坊手工抄纸的场景。纸张是印刷中使用最多的一种承印物，造纸也已经成为一个重要的工业门类。为了更好地认识和使用纸张，需要对纸张的制造过程有一个大概的了解。

图 2—1 我国古代的造纸作坊

1. 纸张的制造过程

如图 2—2 所示，现代造纸工艺大致可分为四个过程。

(1) 制纤维

将原木、秸秆等原材料进行粉碎、蒸煮、漂白等处理制成纤维。对于回收纸还需要进行去墨和漂白处理。

(2) 打浆

将制得的纤维均匀地化在水中，并在其中添加胶料、填料、色料等辅料，这样的混合浆液称为纸浆。纸浆中 99%是水，只有 1%是纤维和辅料。

(3) 抄纸

纸浆送到造纸机上经过流浆、压榨、干燥和压光、收卷等工序得到原纸的过程称为抄纸。抄纸得到的纸张都是卷筒的。抄纸也是一个纸浆逐渐脱水而成纸的过程，经过流浆、压榨后“纸”的含水量只有 20%左右，干燥又会再脱去大概 15%的水，所以制得原纸的含水量一般在 5%～8%。

(4) 原纸加工

对原纸进行表面施胶、压光处理而得到胶版纸，进行涂布、压光处理后得到铜版纸或玻璃卡纸。如果将不同的原纸进行压瓦楞、裱合等处理就可以得到纸板或者做包装纸箱的瓦楞纸。纸卷下线后要进行分切，可以将大的卷筒纸分切成需要宽度的卷筒纸，也可以将卷筒纸分切成需要规格的单张纸，如图 2—3 所示。

2. 纸张的种类

从造纸机上得到的纸张都是纸卷，如图 2—4 所示为造纸机上 10 m 宽的纸卷。这样的纸卷再经过纵向分切（见图 2—2 中 D3）得到确定宽度的卷筒纸，对卷筒纸再进行横向分切（见图 2—2 中 D4）就得到单张纸。纸张因此而分为单张纸和卷筒纸两大类（见图 2—2 中 E）。纸张在实际应用中还通常分为报纸、书写纸、胶版纸、铜版纸、玻璃卡纸、纸板等，分别用来印刷不同的印刷品。

3. 纸张的规格

纸张的规格就是指纸张的尺寸大小，对于卷筒纸来说其规格主要是指纸卷的宽度。

依据国际 DIN 制标准的规定，常用单张纸规格分为 A、B、C 三类，并且每类纸张都有其确定的用途。这个标准制定的纸张规格最大的特点就是每种纸张的长短边之比为$\sqrt{2}$：1。

这三类纸张的尺寸见表 2—1 和表 2—2。

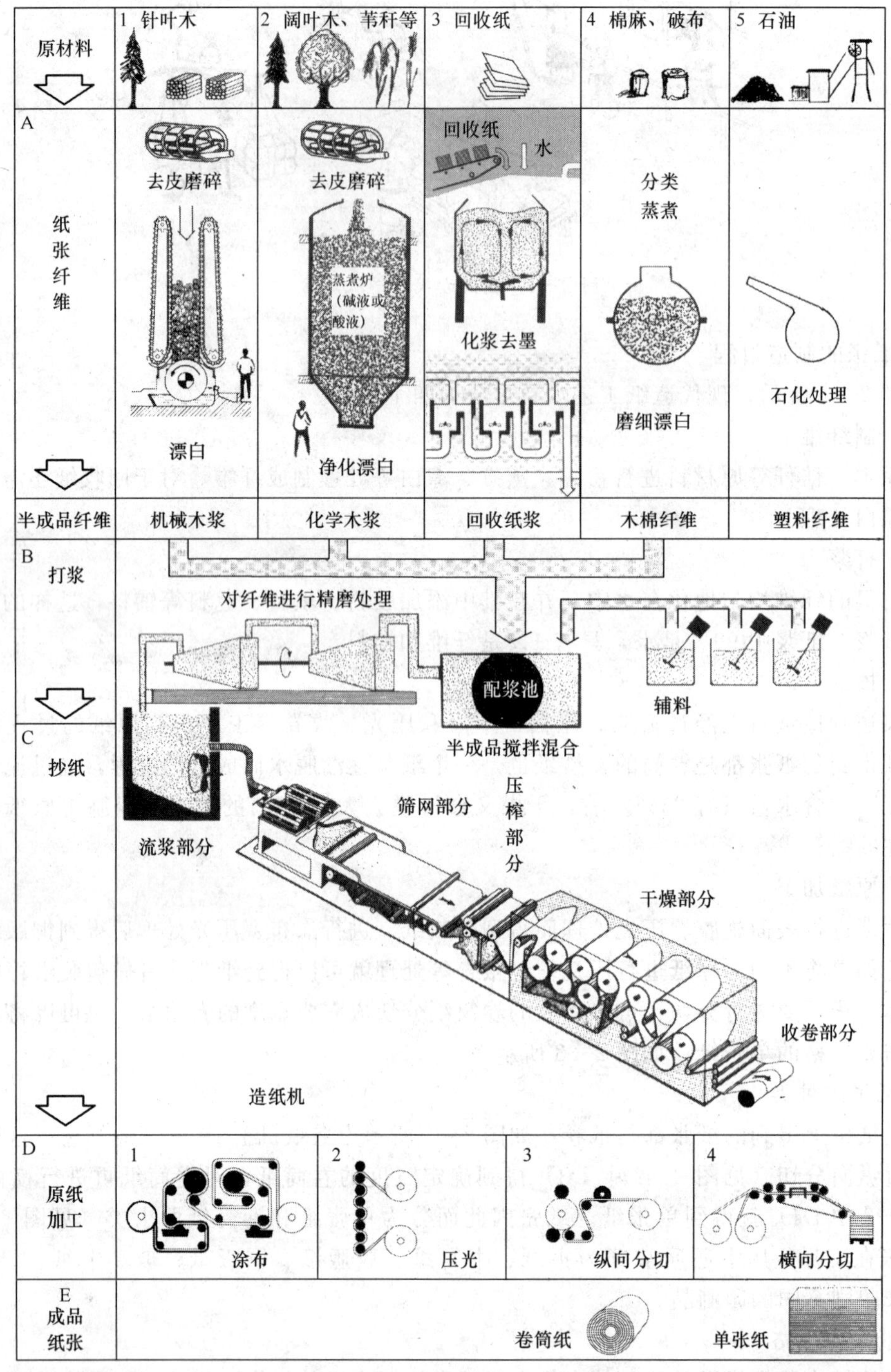

图 2—2 纸张制造和加工过程

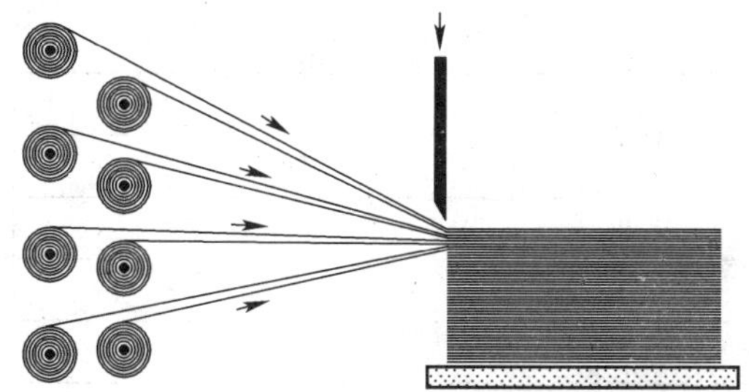

图 2—3　卷筒纸分切成单张纸

图 2—4　造纸机上 10 m 宽的纸卷

表 2—1　国际开本 DIN－A 纸张尺寸　mm

纸张	称谓	毛尺寸	净尺寸
A0	全开	860×1 220	841×1 189
A1	对开	610×860	594×841
A2	4 开	430×610	420×594
A3	8 开	305×430	297×420
A4	16 开	215×305	210×297
A5	32 开	153×215	148×210
A6	64 开	108×153	105×148
A7	128 开	77×108	74×105

注：DIN－A 系列纸张主要用于书刊、杂志等的印刷，也是最常用的纸张。

表 2—2　国际开本 DIN－B 和 DIN－C 纸张尺寸　mm

纸张	称谓	毛尺寸	
		DIN－B 系列	DIN－C 系列
0	全开	1 000×1 414	917×1 297
1	对开	707×1 000	648×917
2	4 开	500×707	458×648

续表

纸张	称谓	毛尺寸	
		DIN－B 系列	DIN－C 系列
3	8 开	353×500	324×458
4	16 开	250×353	229×324
5	32 开	176×250	162×229
6	64 开	125×176	114×162
7	128 开	88×125	81×114

注：DIN－B 系列纸张主要用于印刷记录本及文件夹，DIN－C 系列纸张主要用于印刷信封。

单张纸的大小俗称开本，它由全开纸裁切而来。一张全开纸被对裁（长边对折）成多少份，则得到的那份纸的开数就是多少开，如图 2—5 所示。

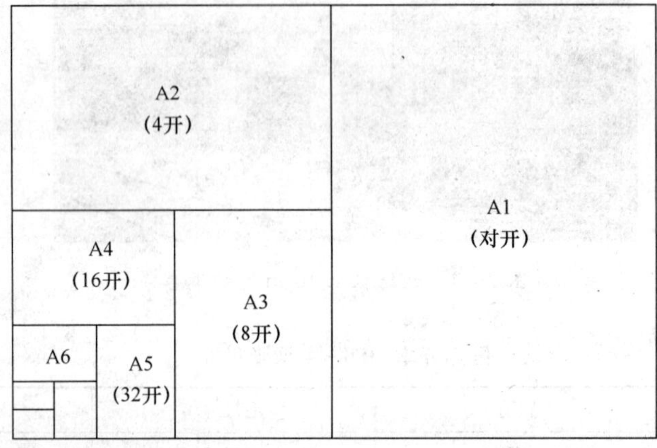

图 2—5　纸张裁切与规格

我国参照 ISO 6716 标准制定了《图书和杂志开本及其幅面尺寸》（GB/T 788—1999），这个标准规定了开本尺寸分为 A 系列和 B 系列，并以“M”标注纸张的丝绺方向，见表 2—3。

表 2—3　**图书和杂志开本及其幅面尺寸**　mm

系　列	未裁切单张纸尺寸	已裁切成开本	
		代号	公称尺寸（允差±1 mm）
A	890×1 240 M	A4	210×297
	890 M×1 240	A5	148×210
	890×1 240 M	A6	105×144
	900×1 280 M	A4	210×144
	900 M×1 280	A5	148×210
	900×1 280 M	A6	105×144
B	1 000 M×1 400	B5	169×239
	1 000×1 400 M	B6	119×165
	1 000 M×1 400	B7	82×115

习惯上将 A 系列中 890 mm×1 240 mm 规格的纸张称为大度纸，原先使用较多的 787 mm×1 092 mm 规格的纸张称为正度纸，正度纸是将逐步被淘汰的纸张规格。

卷筒纸的规格用纸卷宽度来表示，按《印刷、书写和绘图用原纸尺寸》（GB/T 147—1997）的规定，其宽度规格主要有 1 575 mm、1 562 mm、1 400 mm、1 280 mm 和 1 092 mm 等多种。

4. 纸张的选择

纸张的规格是印刷中选择纸张的一个方面。除此之外，由于不同种类的纸张具有不同的印刷性能，印刷不同产品时就会选择不同的纸张。

（1）报纸

印刷报纸用的纸张以卷筒纸为主，其纤维在造纸过程中不经化学蒸煮处理而含有木质素，同时纸浆中所加的配料也很少，表面不做压光、施胶、涂布等处理，纤维外露，孔隙较多（图 2—6 所示为报纸表面放大图），使得报纸具有很强的吸墨性，可以在高速印刷机（可达每小时 60 000 印）上印刷，但由于表面平整度较差，印刷出的图文质量相对较差。

图 2—6　报纸表面放大图

（2）书写纸和胶版纸

此类纸张的纤维经过化学蒸煮处理而剔除了绝大部分的木质素，在纸浆中加入了胶料（这种工艺称为内部施胶，内部施胶可以改变纤维的表面能，降低纸张吸水性，提高纸张结合牢度），从而得到具有一定抗水性的纸张原纸，如图 2—7 所示。原纸再经过简单的表面施胶处理便得到书写纸。由于施胶的原因使得纸张在书写时不会洇水。书写纸通常会用来印刷教材、笔记本、信笺等。

如果对原纸进行压光处理，再对表面施胶就得到胶版纸，如图 2—8 所示。表面施胶可以明显增强纸张表面的抗水性，即抗羽化性能。单面施胶的便是单面胶版纸，两面都施胶的叫做双面胶版纸（双胶纸）。胶版纸除了有很强的抗水性之外，由于表面经过压平处理，因此表面强度也增加了，所以可以用来印刷一些更精细的印刷品。书写纸和胶版纸的纤维部分外露，如果表面强度不好，在印刷中常会出现掉毛故障。

（3）铜版纸与玻璃卡纸

经过压光处理的原纸表面用涂料进行涂布，并经压光处理便得到铜版纸。

图 2—7 原纸表面放大图

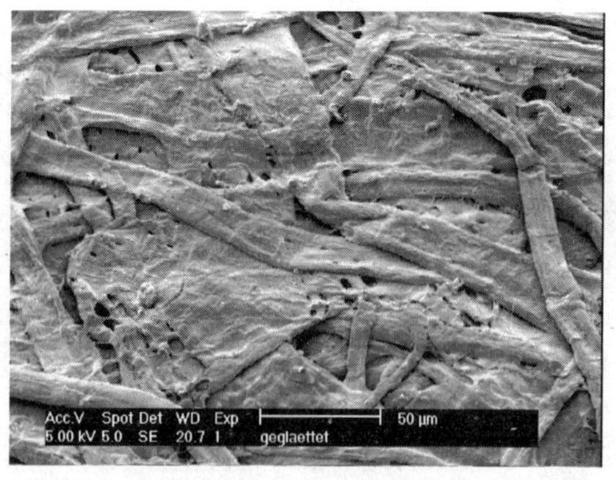

图 2—8 胶版纸表面放大图

涂布是形成铜版纸必不可少的加工工艺，根据所涂布涂料层的厚薄，铜版纸可以分为轻涂纸、中涂纸和铸涂纸三种。如果只是在原纸的单面进行涂布处理则得到单面铜版纸（单铜），两面都进行涂布处理则得到双面铜版纸（双铜）。铜版纸涂料涂布的方式有辊式涂布、刮刀式涂布和铸涂式涂布三种，如图 2—9、图 2—10 和图 2—11 所示。

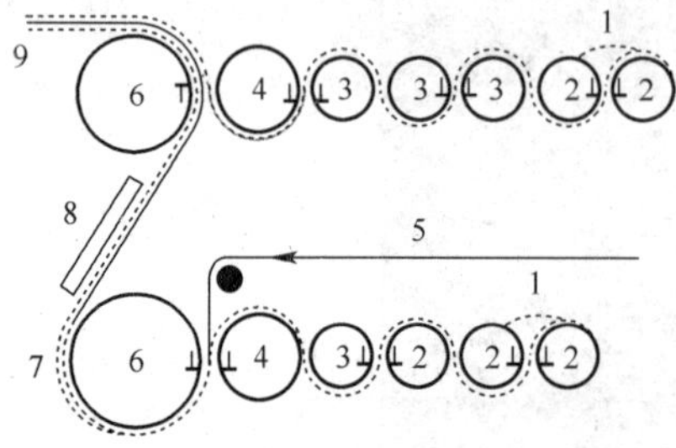

图 2—9 辊式涂布

1—涂料 2—涂布供料辊 3—涂布传料和匀料辊 4—涂布辊 5—待涂布纸带 6—涂布压力辊 7—单面涂布纸带 8—干燥装置 9—双面涂布的纸带

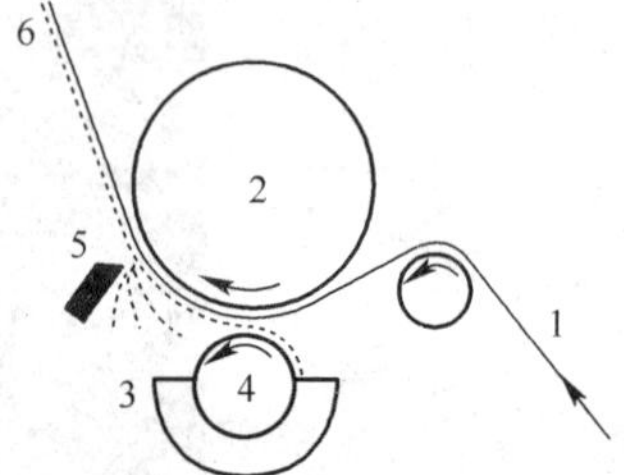

图 2—10 刮刀式涂布

1—待涂布纸带 2—涂布压力辊 3—涂料槽 4—涂布辊 5—涂布刮刀 6—单面已涂纸带

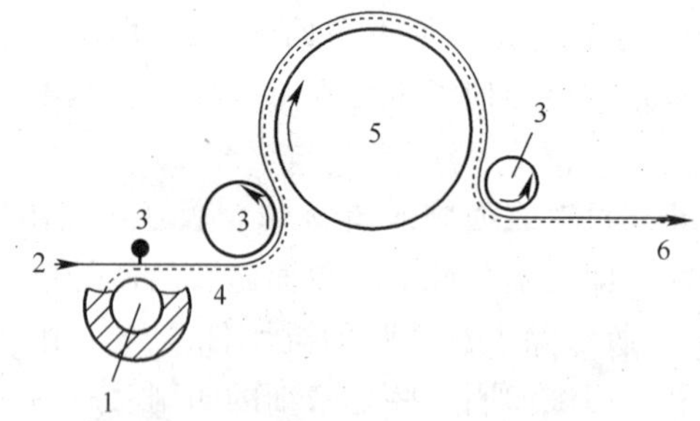

图 2—11 铸涂式涂布

1—涂布辊 2—待涂布纸带 3—压力辊 4—预涂布纸带 5—铸涂布滚筒 6—单面已铸涂纸带

为了得到好的印刷表现力，铜版纸往往还有光泽度的要求。铜版纸的光泽度是通过加工环节的压光工艺得到的。铜版纸依据光泽度的不同可以分为亚光铜版纸、压光铜版纸和超级压光铜版纸三类。涂层很薄，同时进行了简单的压光处理（也称为机械压光）的为亚光（无光）铜版纸（习惯上也称为亚粉纸、轻涂纸）；使用较多的，涂布量适中同时又经过压光而带有很好光泽的是压光铜版纸；铸涂纸的涂层很厚（“浇铸”上去的），同时经过了镜面超级压光处理，所以习惯上也称为玻璃卡纸。如图 2—12、图 2—13、图 2—14 和图 2—15 所示为几种铜版纸的表面放大图。

铜版纸的涂层涂料为白色粉末，多次折叠后涂层会被折裂进而造成纸张断裂，因此铜版纸的耐折性能要比胶版纸差。如果铜版纸的表面强度不好，在印刷中涂层会脱落进入橡皮布或印版表面，导致掉粉故障。

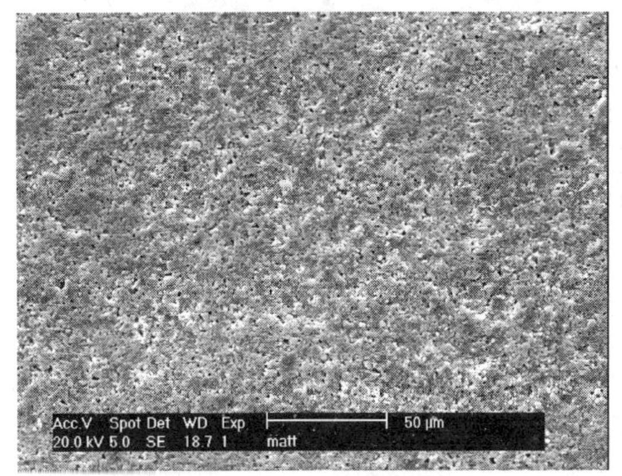

图 2—12　轻涂纸表面放大图

图 2—13　亚光铜版纸表面放大图

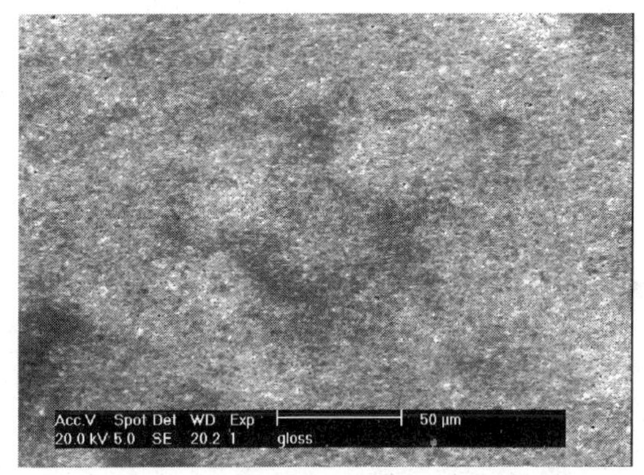

图 2—14　压光铜版纸表面放大图

图 2—15　铸涂纸表面放大图

5. 纸张的定量

定量也称为克重，即 1 m^2 纸张的重量，单位为 g/m^2。

裁一张 1 m^2 的纸并拿到天平上去称重，如果称得重量是 80 g，则可以说这种纸张的定量为 80 g/m²，习惯上也说成是 80 g 纸。一张 DIN－A 全张纸的面积约 1 m²，所以这种纸张的克重与单张重量基本相当。

实际生产中，测量纸张克重的方式比较灵活，为了使测得的数据准确，要选 10 张或更多相同大小的纸张一起测重量，再算纸张总面积，从而得到该种纸张的克重。

专门测量纸张克重的仪器称为克重测量仪，如图 2—16 所示。测量时只要将裁得的一定大小（图示仪器需要将纸张裁成 7 cm×7 cm）的纸片挂在挂钩上，指针所指示的数值便是克重数。

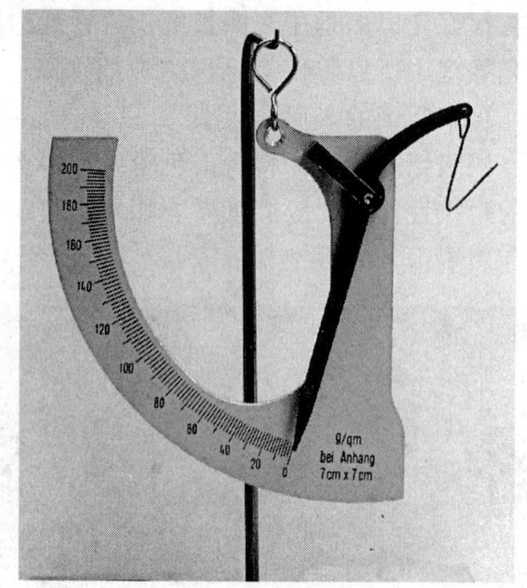

图 2—16　克重测量仪

一般来说，纸张的克重越小，则纸张越薄，透明性就越好（这是不利于印刷的，请读者思考原因）。印刷票据、字典的纸张都是克重较小的纸张，在 28～45 g/m²之间，印刷书刊、杂志的纸张克重范围为 52～250 g/m²，250 g 以上的纸张就称为纸板了。

在此，单色传单可以考虑 80 g 胶版纸，印刷纸张裁切成 A3 纸。

二、版面设计

本章中所举例的传单是由两个 16 开拼合到一起的一个 8 开印刷品，则可以说这个传单是由两个 16 开的版面组成的。再如这本《印刷概论》是 16 开的，则一个页码就是一个 16 开的版面。这两个产品在设计时，一个 16 开版面内的图文必须作为一个整体来考虑。

版面设计的内容包括开本的大小，排版的形式（见图 2—17 和图 2—18），正文、标题、注译文字的字体和字号，每行的字数、字距、行距，以及版心、订口、切口、天头、地脚的尺寸等。上述内容一般都标注在版面设计用纸上，如图 2—19 所示。

a)

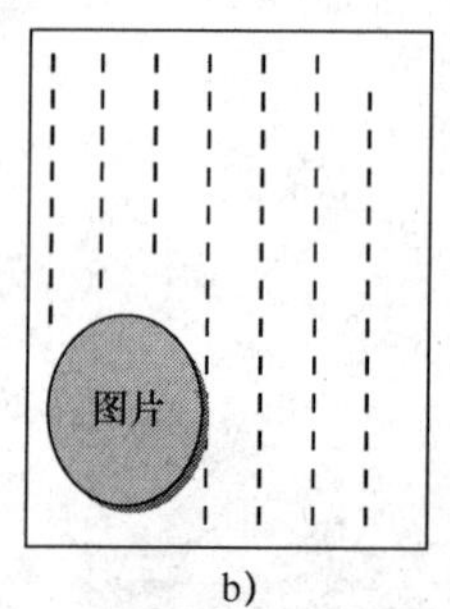

b)

图 2—17　横排和竖排

a）横排　b）竖排

版面设计中还必须标注产品的毛尺寸和净尺寸。所谓净尺寸就是印刷产品的最终尺寸，而毛尺寸则是指净尺寸加上裁切边（装订边）的尺寸，一般印刷品裁切边为 3 mm，装订边则根据装订方式的不同而有所差别。

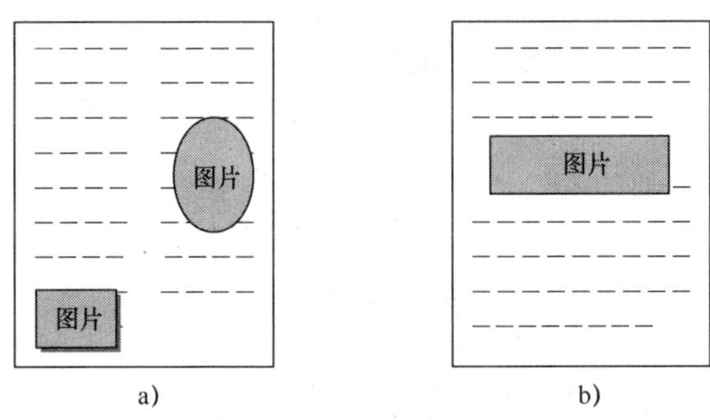

图 2—18 分栏与通栏
a) 分栏 b) 通栏

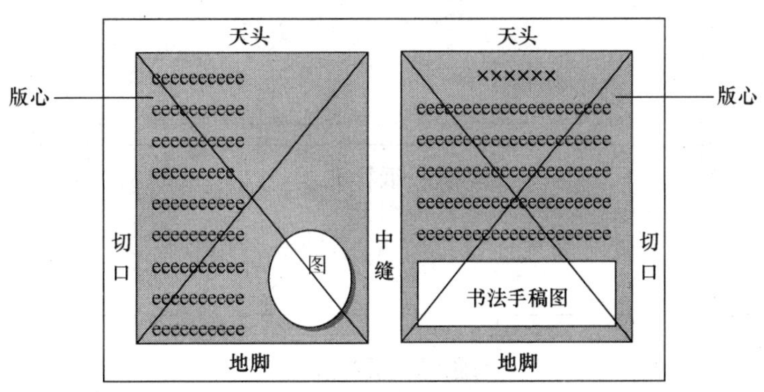

图 2—19 传单版面设计上各部分的名称

思考练习题

1. A4 纸的尺寸为________ mm×________ mm，是________开的，即一张依据国际________制标准________系列的全开纸裁切可以得到________张 A4 纸。

2. 国际 DIN 制标准 A、B、C 系列纸张有什么特点？这三种纸张主要用来印刷什么样的产品？

3. 在我国习惯上将 500 张全开纸称为一令，现有 3.5 令 DIN－A 型 70 g/m^2 的纸张，请计算其重量为多少，总共可以裁切得到多少张 8 开的纸张（净尺寸）？每一张这样的 8 开纸的重量为多少？如果这种纸的市场单价为 7 800 元/t，计算每张 8 开纸的价格。

4. 书写纸和胶版纸都要进行施胶处理，这样处理的主要目的是什么？

5. 取一张新报纸，晴天时放在太阳下晒上一天，和同期的其他报纸比较一下，看看发生了什么变化，为什么晒过的报纸会有这样的变化？

6. 印刷单页单色传单，选择纸张时应该考虑哪些因素？

7. 在米格纸上设计将制作的单页单色传单，标注版心、天头、地脚、中缝、切口等的位置和它们的尺寸，并确定传单标题、正文、图注等字的字体、字号和位置。

8. 收集各种类型的纸张，分别剪一小块贴于下面的框中。

报纸样张

胶版纸样张

书写纸样张

铜版纸样张

玻璃卡纸样张

纸板样张

第二节 文字处理

一、文字处理流程和相关硬件

文字与图片的处理一样，都是借助计算机来完成的，包括录入、编排和输出。文字处理流程如图 2—20 所示。

1. 录入

扫描仪和计算机是文字录入必不可少的硬件，原稿文字可以由键盘直接录入，传单中的书法字与图片的录入一样，需要借助扫描仪来完成。

文字录入完成之后首先要对其比照原稿进行初校。对于专业录入人员，掌握五笔输入法是基本的录入技能。

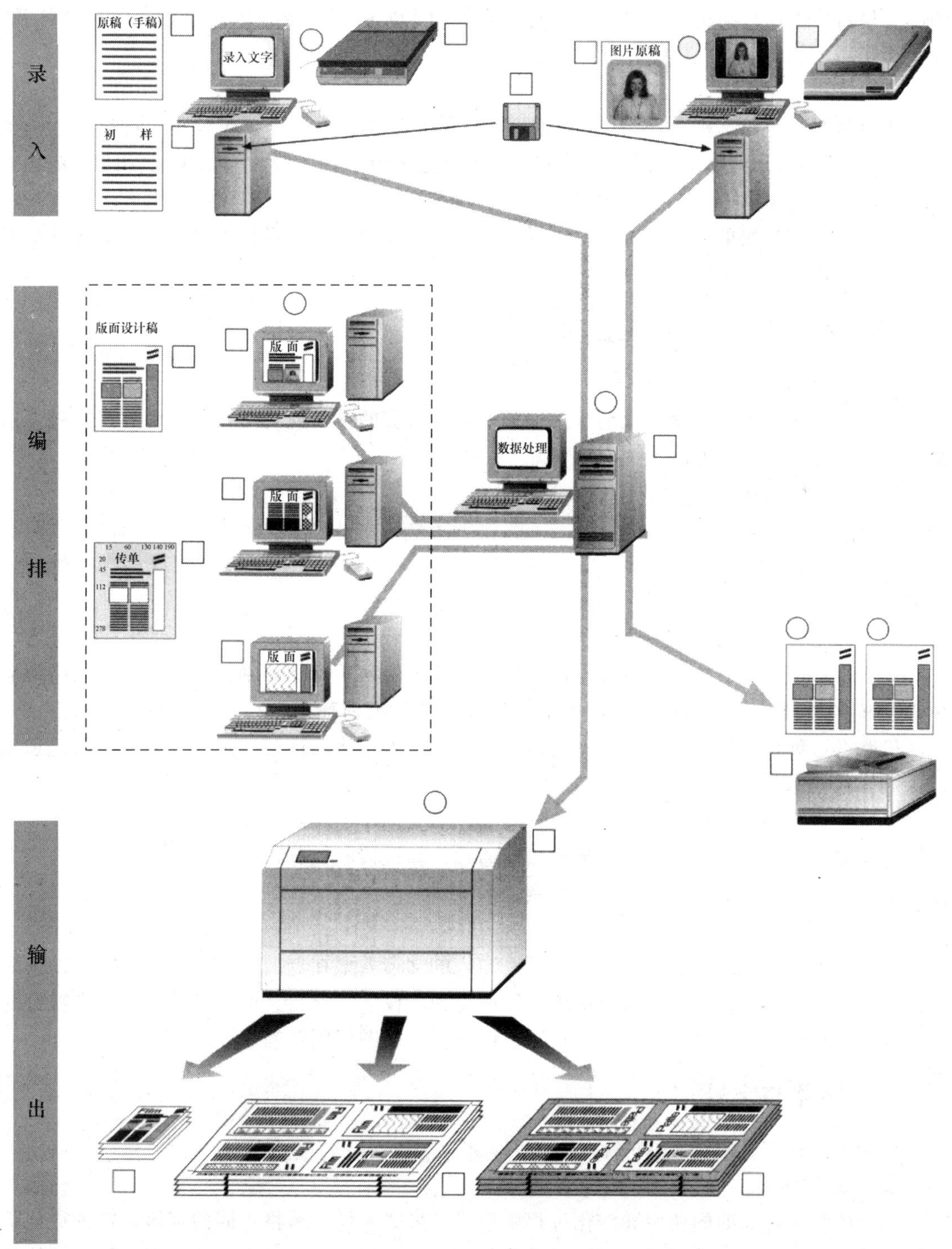

图 2—20　文字处理流程

2. 编排

编排就是依据设计稿借助专门的排版软件对图文的位置在版面上进行编辑排版。编排好的图文稿需要借助打印机打出样稿，进行多次校对，最后还需要送给客户校对得到签样稿，确认无误后才能进入下一道工序。

3. 输出

输出是在激光照排机或CTP计算机直接制版机上进行的，其中在激光照排机上输出的是胶片，而在CTP计算机直接制版机上输出的则是印版。对于胶片输出来说，16开版面的传单可以有两种输出方案：一是输出两个16开的胶片，后面再人工将它们拼成一个8开版去晒版印刷；二是如果在计算机上已经拼成了一个8开的大版，可以直接输出一个8开的胶片去晒版印刷，就无须再手工拼版。

二、文字录入与版面的编排

1. 文字录入

在计算机文字信息处理系统的输入部分中，最重要的是如何将文字输入计算机，就目前来看，主要有三种输入方法。

（1）键盘输入法

键盘输入法即利用标准英文键盘输入汉字的方法。利用键盘进行输入主要有以下特点：一是有利于盲打；二是应用广泛；三是采用先进的汉字编码方案可以大大提高汉字的输入速度。

（2）汉字自动识别输入法

汉字自动识别输入法主要有汉字印刷体识别输入法和手写体识别输入法两种。汉字印刷体识别又称OCR，现在使用较多，技术也比较成熟，识别率也较高，一般在购买扫描仪时会随机赠送这种识别软件。但对于手写体识别来说，由于手写体的字形因人而异，因此识别较困难，在技术上还有待进一步提高。

（3）语音识别系统

语音输入的最终目标就是将人类的语音通过计算机接收、分辨和识别作为文字的输入方法。对于汉字来说，难点在于要求发音者发音准确、声调易辨认。

2. 版面的编排

计算机上版面的编排也称计算机排版。输入的文字需要在专门的排版软件上按照设计好的版式安排图文的位置和大小、形状等，从而得到与设计相符且又能满足输出、印刷需要的电子版面。排版结果可供屏幕显示、打印校样、输出阳图或阴图底片。

三、字体与字号

排版中首先需要设定文字的字体和字号。

1. 印刷字体

我国的汉字在长期的使用和演化过程中形成了形式多样、风格不同的字体，在进行传单文字的编排过程中选择适当的字体，对美化版面、便于阅读会起到很好的效果。最常见的基本字体有宋体、楷体、仿宋体和黑体四种。其他汉字字体很多，如隶书体、魏碑体、报宋体、行楷体、姚体等，每种字体还可以进行加粗、倾斜和加下划线、边框等处理。常见的汉字字体及其特点见表2—4。

表 2—4　　常见的汉字字体及其特点

印刷字体	字样	使用特点
宋体	中德印刷培训中心	笔画横平竖直，横细竖粗，棱角分明；在阅读时有醒目舒适之感；常用于书刊、报纸的正文
楷体	中德印刷培训中心	字形端正，笔迹挺秀，字体匀整；广泛用于小学课本、通俗读物等书籍正文
仿宋体	中德印刷培训中心	有宋体的结构，楷书的笔法；笔画横竖粗细均匀，字体清秀挺拔，常用于排印诗集、短文、标题、引文等
黑体	中德印刷培训中心	又称等线体，字面呈正方形，字形端庄，笔画横平竖直等粗，粗壮醒目；适用于标题或重点按语

2. 字体规格

选择好了字体后，在排版时还要设定字体的规格，即字号。在计算机排版中常用号数制和点数制两种方法来表示字体的规格。

（1）号数制

将一定规格的字体按号排列，号数越大，字体越小。

（2）点数制

点数制是国际上通用的一种印刷字体规格计量方法。一般用小写的英文字母 p 表示，也称为“磅”，和长度单位的换算关系为

$$1\ p=0.351\ 46\ mm，1\ in=72\ p$$

号数制字样、点数制字样和加效果字样举例见表 2—5。

表 2—5　　号数制字样、点数制字样和加效果字样举例

字号	初号（42）	小初号（36）	一号（26）	小一号（24）	二号（22）
字样	中德	中德	中德	中德	中德

字号	小二号（18）	三号（16）	小三号（15）	四号（14）	小四号（12）	五号（10.5）	小五号（9）	六号（7.5）
字样	中德	中德	中德	中德	中德	中德	中德	中德

加效果	原字	加粗	倾斜	下划线	边框	字符底纹
字样	中德	**中德**	*中德*	中德	中德	中德

四、文稿校对

在文字录入过程中难免会有错别字和不同形式的排版错误，这就需要对打印出的样稿进

行校对。对录入文稿的校对一般至少要进行三遍。有时会直接在计算机屏幕上校对，更多时候是将文稿打印出来后比对原稿进行校对。这时需要用到校对符号，见表 2—6。

表 2—6 常用校对符号及用法

编号	符号形态	符号作用	参考示例	说明
1		改正	加强市场竞争意识 竟	改正的字符较多，圈起来有困难时，可用线在页边画清改正的范围 必须更改的损、坏、污字也要用改正符号画出
2		删除	提高出版物物质质量	
3		增补	文字录入工作是很重要的 和编排	增补的字符较多，圈起来有困难时，可用线在页边画清改正的范围
4		对调	认真经验总结	
5		转移	校对工作要重视	
6		接排	（1）标题： 标题要美观、醒目	
7		另起段	标题：标题要美观、醒目	
8		左右移	要重视校对工作， 努力提高出版物质量	
9		排齐	字符 字号 字距 行距 段落 首行 页眉 页脚 页码	两边以首行对齐排
10	>	加大空距	字符字号 行距 段落 首行 页眉 页脚 页眉	加大字间距 加大行间距
11	∧ <	缩小空距	第一章 ∧ 排版技术	横排文字画在字头或行头之间
12	Y	分开	Goodafternoon	用于外文

思考练习题

1. 单页单色传单的文字录入有两种方式，分别是什么？需要什么样的硬件？
2. 传单由两个版面组成，请说明版面的概念。

3. 版面设计与编排的关系是怎样的？

4. 打印机在单页单色传单的文字处理过程中的功能是什么？

5. 填写传单文字处理流程图（见图 2—21）中空白框的内容。

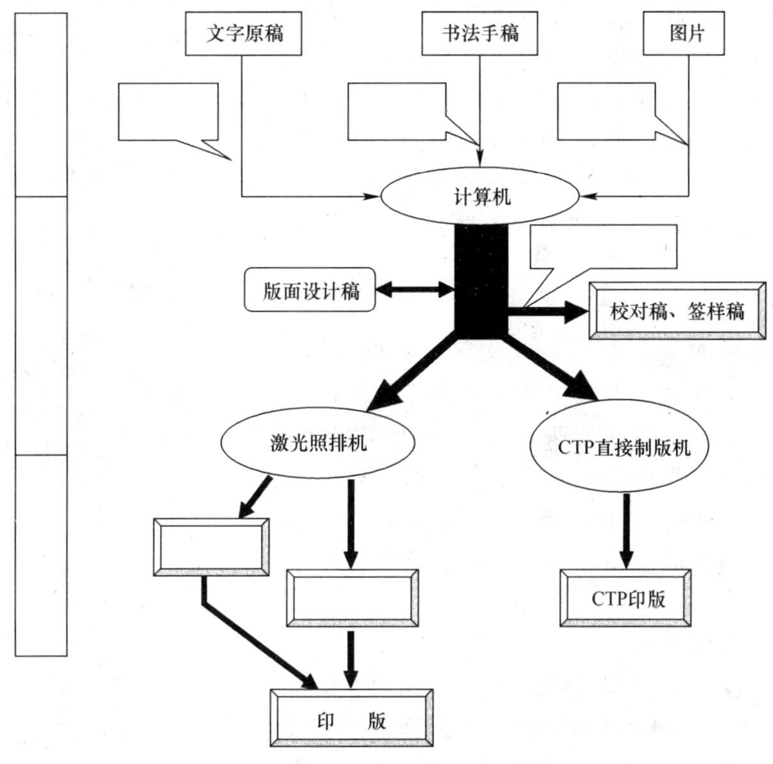

图 2—21　传单文字处理流程图

第三节　输　　出

经校对确认无误的图文信息文件就可以输出了，按传统工艺方法，输出是在激光照排机上输出胶片，然后再进行下面的拼版、晒版和印刷作业。

一、感光胶片的结构和使用

照相时使用的胶卷也是一种感光胶片，它和印刷行业作为激光照排机输出材料的感光胶片相比，在感光特性、结构等方面有所不同。

1. 感光胶片的结构

如图 2—22 所示是按照 2 100∶1 的比例绘制的制版感光胶片的结构。保护层为一层极薄的明胶层，可以防止乳剂层在使用过程中被划伤或污染。

感光胶片的乳剂层是感光材料的感光部分，主要成分为卤化银和明胶。卤化银是见光分解型的光敏物质，以 1～2 μm 的微小颗粒均匀分散在明胶中。明胶是乳剂层的成膜物质，对卤化银的颗粒起着载体和保护体的作用。

常用制版感光胶片的片基材料有塑料涤纶片和聚酯片，都为无色透明的材料。通常将片基上带有乳剂层的一面称为胶片的药膜面，将另一面称为背面。

中间黏合层 3 使得片基与乳剂层很好地结合在一起，防止使用过程中乳剂层的脱膜。防光晕层是一层颜色较深的涂布在片基背面的涂层，在胶片曝光时吸收穿过片基的多余光线，增加图像的清晰度。防光晕层还有防止胶片卷曲的作用。防光晕层在冲洗过程中会完全被冲洗掉。中间黏合层 5 为片基与防光晕层间的黏合层。

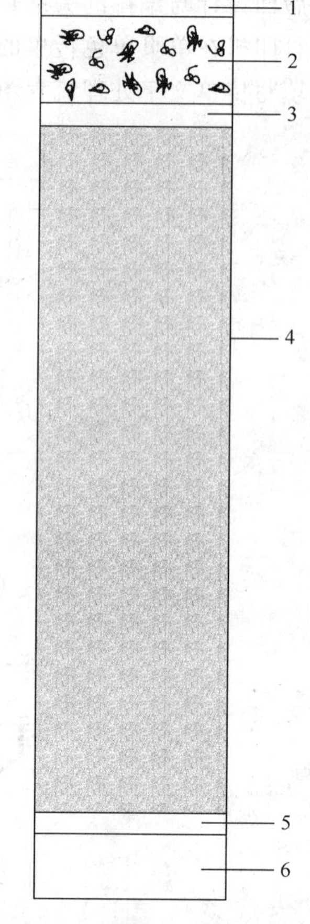

图 2—22　制版感光胶片的结构

1—保护层　2—乳剂层　3、5—中间黏合层　4—片基　6—防光晕层

2. 其他输出材料

对于单页传单来说，如果是以文字、线划为主，也可以考虑另外一种输出方式——用激光打印机在一种透明的纸张上输出，这种透明的纸张称为硫酸纸。打印过程与正常的在普通纸张上的打印一样，只不过由于硫酸纸是透明的，打出的硫酸纸可以直接去晒版，从而大大节约了成本和时间，只是质量与胶片相比稍差一些。

3. 感光胶片的使用

和照相的胶卷一样，制版感光胶片在使用中也要经过曝光、显影、定影、水洗和干燥等几个过程后才可以得到需要的晒版胶片。如图 2—23 所示，组成感光胶片的两个主要部分是乳剂层和片基，乳剂层中的卤化银见光后会分解为银原子和卤素原子。银原子颗粒使得乳剂层发黑变暗，形成胶片的图文部分。

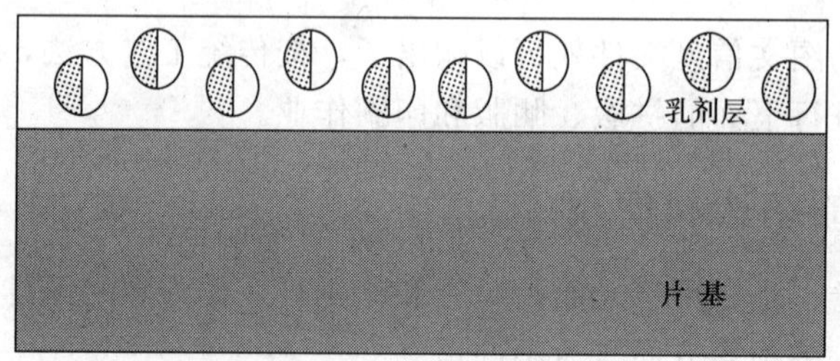

图 2—23　感光胶片的乳剂层和片基

（1）曝光

曝光时，感光物质卤化银受到一定量的光线照射，会以每个晶体为单位发生光化学反应，使部分卤化银发生分解反应。在曝光过程中，感光胶片实际感受到的光量极少，只有极少的卤化银分子发生了分解反应，即使是这些微量的银也多少决定了卤化银颗粒分解的程

度。由于生成的银颗粒极细，不易观察，称为潜像，如图 2—24 所示。

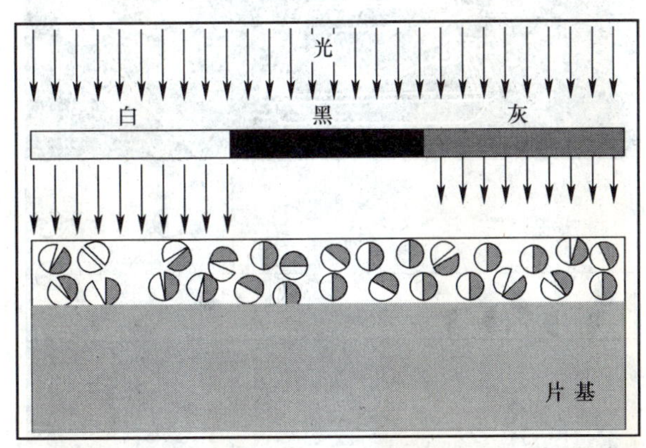

图 2—24　感光胶片曝光

(2) 显影

将已曝光的感光胶片浸泡在显影液中一定时间，显影液会使发生光化学反应的卤化银颗粒中的卤素原子离析出来，银原子堆积成银颗粒而变黑，见光较少部分的银原子堆积相对较少而呈灰色，未见光的部分则没有银原子产生而不变色，如图 2—25 所示。

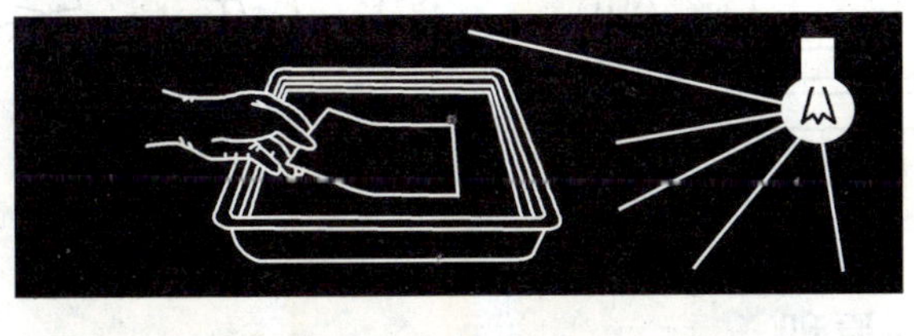

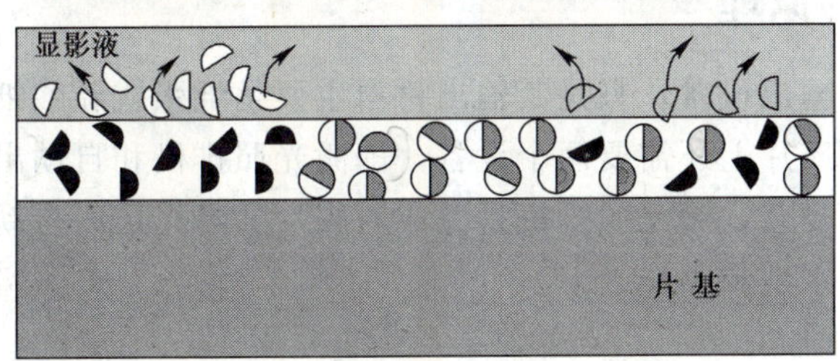

图 2—25　显影与显影原理

(3) 定影

定影的过程就是除去胶片上未曝光的卤化银。在经过定影之后的胶片上就可以看到图像轮廓清晰的文字、线划和图片了，如图 2—26 所示。

手工的显影和定影处理都是在暗室中进行的。

(4) 水洗和干燥

定影后的胶片必须进行水洗，以除去胶片上的药液，如图 2—27 所示。最后还要晾干或风干以便于使用，如图 2—28 所示。

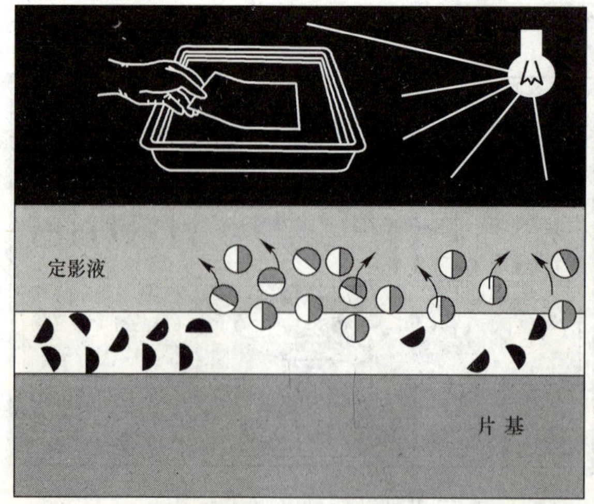

图 2—26　定影与定影原理

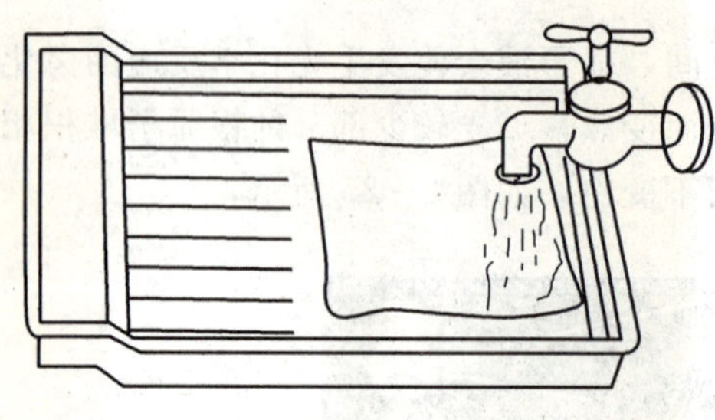

图 2—27　胶片水洗

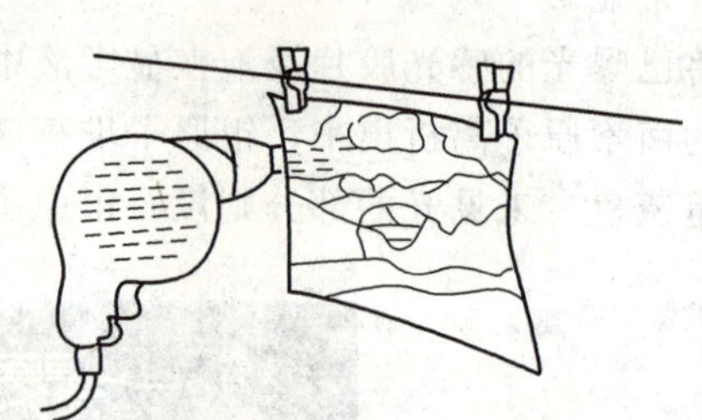

图 2—28　胶片干燥

二、输出设备与原理

打印机是最常见的输出设备，只是其输出材料主要是纸张或硫酸纸。要将前面在计算机上处理好的版面输出到胶片上还需要两个设备，即激光照排机和自动出片机。其实这两台设备所要完成的工作并不复杂，激光照排机是完成对胶片的曝光，而自动出片机则是对曝光的胶片进行显影、定影、水洗和干燥。

1. 激光照排机

激光照排机是一台将计算机的图文数字信号转换为激光信号，并准确地对胶片进行曝光的设备。其内部结构包括两大功能部分：感光胶片的传送系统和激光曝光系统。

根据不同的胶片传送和曝光方式，激光照排机分成三种类型。

（1）平台式激光照排机

平台式激光照排机的激光曝光系统的曝光头是固定不动的，感光胶片在传送系统的带动下单向移动接受激光曝光，如图 2—29 所示。

（2）内鼓式激光照排机

内鼓式激光照排机的激光经过光学系统传导后到达做周向转动和轴向移动的曝光头上，对吸附在内鼓上的固定不动的胶片进行曝光，如图 2—30 所示。

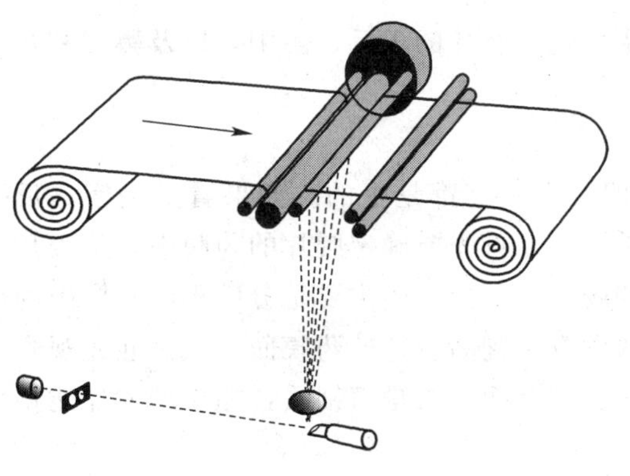

图 2—29　平台式激光照排机

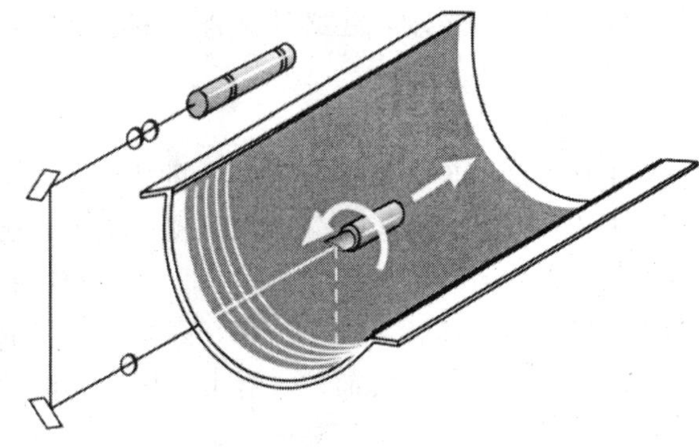

图 2—30　内鼓式激光照排机

(3) 外鼓式激光照排机

外鼓式激光照排机的感光胶片包裹在转动的滚筒表面，曝光头沿着滚筒轴向移动，对转动中的胶片进行曝光，如图 2—31 所示。

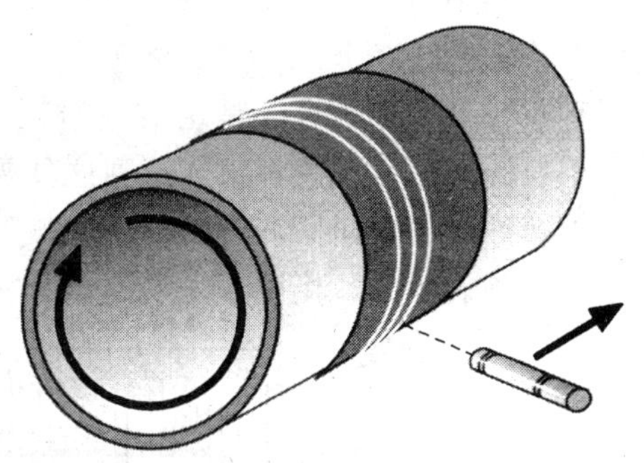

图 2—31　外鼓式激光照排机

2. 自动出片机

自动出片机的结构如图 2—32 所示，其左端为进片口，胶片在机器内部由传送辊带动，以一定的速度分别经过显影槽、定影槽、水洗槽和干燥部分，完成胶片处理过程。处理好的胶片最后由右端传出到达接片盒中。全部的处理过程都是自动的，还可以对显影液、定影液的温度、浓度和干燥温度进行设定。进片口设在暗室中，一般自动出片机上还设有一个供明室片使用的进片口。

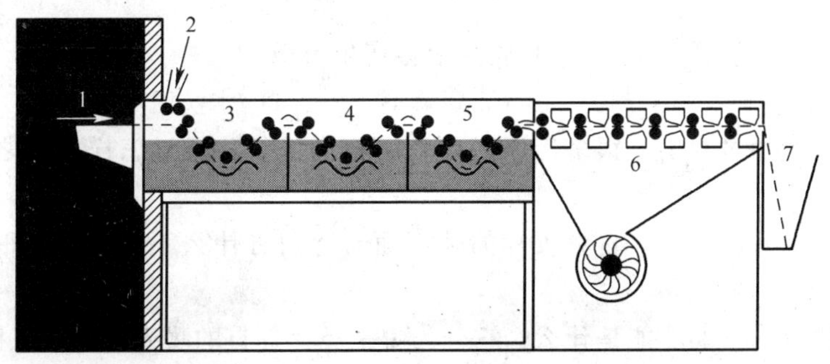

图 2—32　自动出片机的结构

1—进片口　2—明室片进片口　3—显影槽　4—定影槽
5—水洗槽　6—干燥部分　7—接片盒

三、感光胶片的相关特性

对于传单印刷来说，经过自动出片机输出的胶片是用来晒制印刷 PS 版的，这样的胶片为了满足晒版的要求，还必须具备一定的特性，主要包括胶片的正反、阴阳，以及黑度和灰雾度等。

1. 正片和反片

正片上的图像和文字与原稿上的正反一致，即看上去字都是正的。如果看上去字是反的，则称为反片。为了要分清一个胶片是正片还是反片，首先要确定胶片的药膜面，从胶片的药膜面观察胶片来判断字的正反。经过处理后的胶片，其药膜面主要是分散于明胶层中的黑色的银颗粒，而背面则是片基，因而可以采取两种方法判断胶片的药膜面：一是迎光观察法，药膜面的反光比背面差，看上去比较亮的那面就是背面；二是刀刮法，如果用刀片能将黑色的部分刮去，则为药膜面。

2. 阴片和阳片

胶片的黑白如果与原稿的一致则为阳片，通常为白底黑字；反之则为阴片。

3. 黑度和灰雾度

理想胶片的黑色部分是绝对不透光的，其他地方则能让光线完全透过，如图 2—33 所示。但实际使用的胶片都很难达到这种要求，通常把黑色部分的不透光度叫做胶片的黑度，透明部分的阻光度叫做灰雾度。作为晒版的胶片，黑度要越大越好，而灰雾度要越小越好，用密度值来表示时，黑度要求达到 3.8～4.0，而灰雾度则一般介于 0.03～0.05 之间。

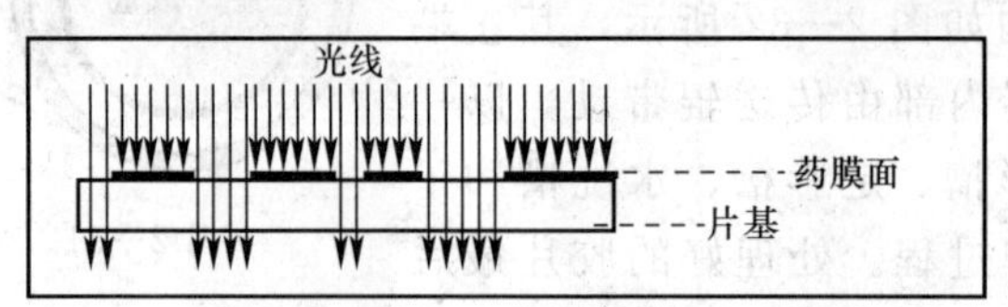

图 2—33　理想胶片的透光部分和不透光部分

思考练习题

1. 在胶片的使用过程中，(　　) 胶片上会产生潜像。

A. 曝光时　　B. 显影时　　C. 定影时　　D. 水洗时

2. 在胶片的使用过程中，很多工序必须在暗室内进行，经过怎样处理之后的胶片才可以拿出暗室？

3. 取一张处理好的胶片，看看胶片的药膜面与背面有什么不同，如何很快地判断胶片的药膜面？

4. 激光照排机的主要功能是什么？它分为哪三类，各自的曝光过程是怎样的？

5. 如图 2—34 所示为一台自动出片机的结构简图，指出图中 1～7 的名称。并将图中的暗室部分涂上阴影。

6. 指出图 2—35 中各胶片的正反、阴阳特性（药膜面都朝上）。

7. 单页单色传单晒版胶片的特性是怎样的？

8. 如果客户提供了一张白底黑字的原稿，那么由此得到的阴片和阳片分别是如何显示的？

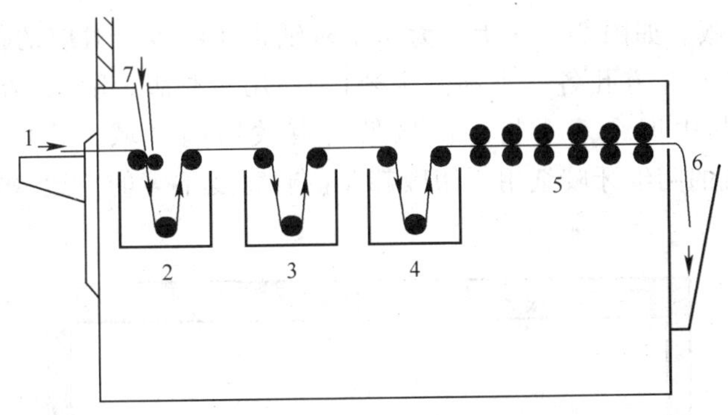

图 2—34　自动出片机的结构简图

图 2—35　胶片的正反、阴阳特性

第四节　拼　　版

拼版，顾名思义就是把许多小的页面拼成一个大的印刷版面。拼版在印刷中的作用就是确定最合理的印刷方式，为折页提供正确的印张，同时还可以节省材料，缩短印刷时间。

本章中举例的单页传单的规格是 8 开，它由两个 16 开的版面组成。如果输出的是两个 16 开的胶片，就需要将这两个 16 开的胶片和一些必要的印刷辅助线等都拼贴在一块 8 开的透明薄膜片基上，再进行下面的晒版和印刷，这一过程称为手工拼版。此外，也可以直接在计算机上利用相关软件将两个版面拼在一起，并添加必要的印刷辅助线后输出得到一个 8 开胶片，再去进行下面的晒版和印刷，这一过程则称为电子拼版。拼版，尤其是手工拼版前，首先要做的工作是制作拼版台纸。

一、制作拼版台纸

拼版台纸是拼版的依据，上面等比例画出了即将印刷的所有元素将要制到印版上的具体位置，拼版台纸的大小与印版的大小相当，所以可以说制作拼版台纸就是在纸上绘出印版上所有内容的位置和尺寸。以本章将制作的印刷品为例，如果是要在胶印机上印刷，那么印刷版一般会是胶印 PS 版。如图 2—36 所示为印刷时纸张在印版上对应的位置。图中 PS 版底边处打有定位孔（圆孔、方孔各一个和两个缺口），用于拼版、晒版和印刷时的定位控制；中间的框为纸张，其中四个箭头指示的区域为有效印刷区域，咬口边宽度一般为 8～10 mm，留给印刷机的叼纸牙咬纸用。印版都会留有宽度不等的空边（常称为放边），供印刷机上装版用。

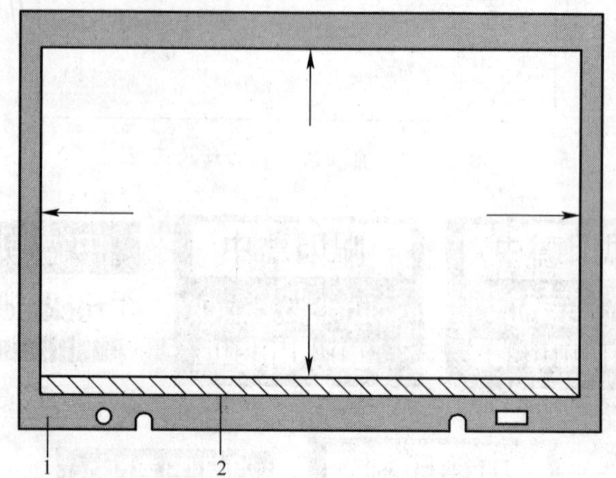

图 2—36　印刷时纸张在印版上对应的位置

1—空白边　2—纸张咬口边

了解了这些之后就可以着手画拼版台纸了，如图 2—37 所示为拼版台纸的示意图。制作拼版台纸的纸张一般与印版的大小相当，且要打孔。为了得到更为精确的拼版台纸，一般选用米格纸或者用普通的胶版纸下面衬一张有米格线的胶片。从图中可以看到要绘制的拼版台

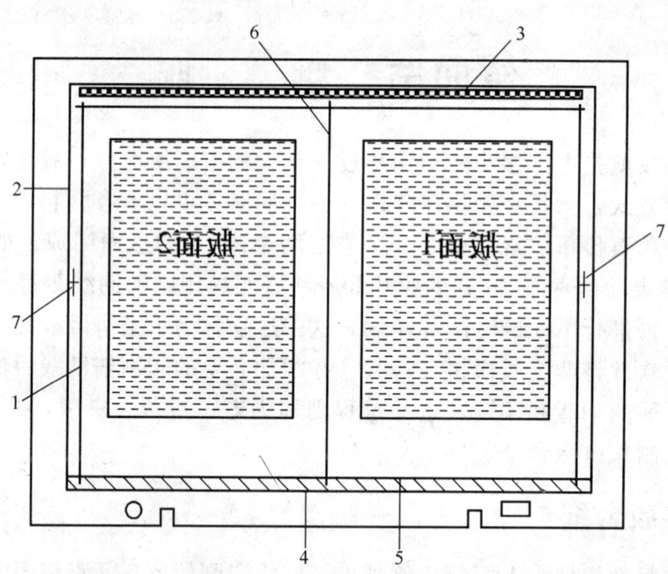

图 2—37　拼版台纸的示意图

1—图文部分　2—印刷纸张　3—印刷测控条　4—晒版放边线

5—印刷图文起点线　6—左右中线　7—规矩线

纸的内容，其中方框 2 为印刷纸张的大小，方框 1 内为正式印刷时的图文部分。方框 2 的尺寸为印刷纸张的毛尺寸，方框 1 的尺寸为净尺寸（成品尺寸）。3 指示的是印刷测控条；4 和 5 指示的两条横线分别为晒版放边线和印刷图文起点线，两线之间的宽度为咬口边宽度；6 指示的竖线为左右中线；7 为印刷时的两个规矩线，处在印刷纸张的上下居中的位置，版面 1 和版面 2 部位的两个阴影区为两个版面的版心。

二、手工拼版

手工拼版都是在拼版台上进行的。拼版台台面由玻璃制成，下面安装了荧光灯管，如图 2—38 所示。标准拼版台上还设有导轨尺，能够提供玻璃台面上每一点的平面坐标，从而使得拼版的位置更加准确。手工拼版还会用到下列材料和工具：透明胶带（见图 2—39）、剪刀和刀片（见图 2—40）、胶水（见图 2—41）、拼版放大镜（见图 2—42）、裁片刀架（见图 2—43）。裁片刀架比剪刀裁出的边更加平直，也更光滑，透明胶带和胶水都是粘贴胶片用的。

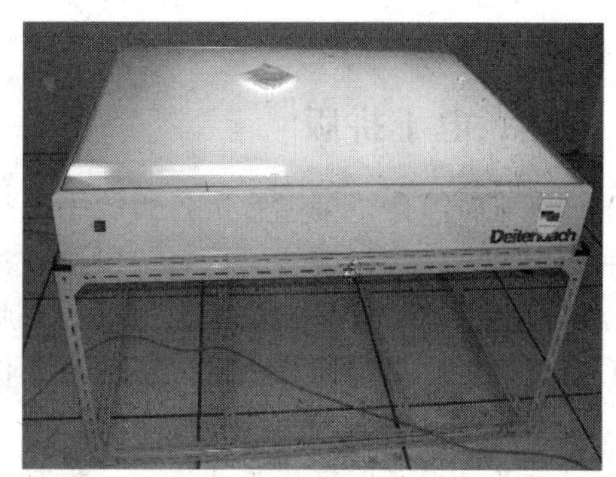

图 2—38　标准拼版台

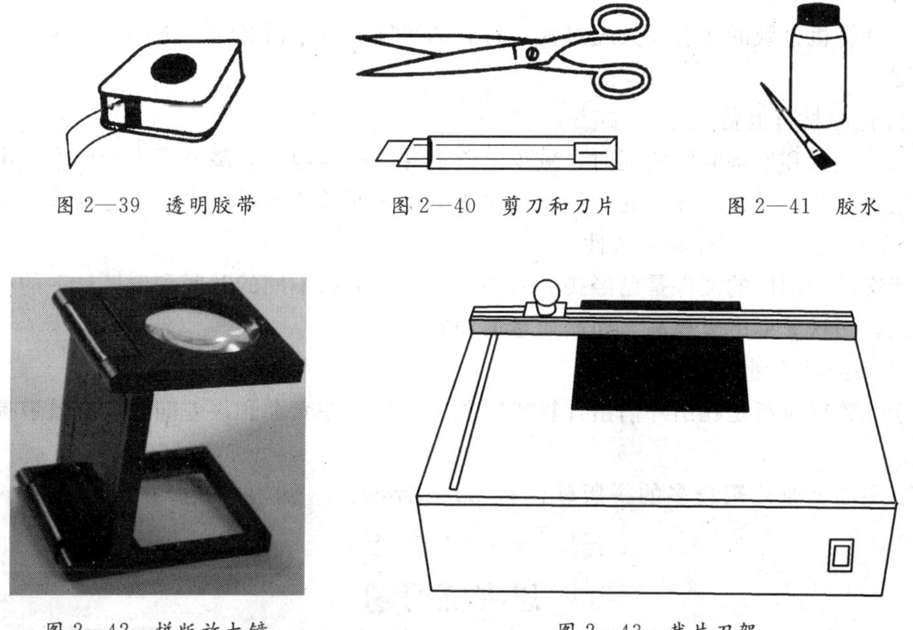

图 2—39　透明胶带　　图 2—40　剪刀和刀片　　图 2—41　胶水

图 2—42　拼版放大镜　　图 2—43　裁片刀架

拼版时将拼版台纸放到拼版玻璃台的定位销钉上固定，然后将一张打有相同定位孔的干净的透明片基也固定在定位销钉上。依据拼版台纸提供的位置，将输出的那两张胶片粘贴到透明片基上，并在透明片基相应位置贴上规矩线，在净尺寸框的四个拐角位置贴上十字形或丁字形的线（常称为角线）。如果需要印刷测控条，再在相应位置贴上印刷测控条，这样这个单页传单的手工拼版就完成了。

拼版中要注意的几个问题：

1. 所要拼的胶片的药膜面都要向上，对于将要在胶印机上印刷的胶片来说，拼版时看到的胶片都是反字。

2. 用透明胶带贴胶片时不能离图文太近，距离一般不小于 3 mm，没有空间时可考虑用胶水，否则会影响到晒版。

3. 规矩线和角线是印刷和后加工时最重要的参考线。

4. 两个版面的左右位置不是随意的。

三、电子拼版

从前面的介绍可以看出，传统手工拼版对操作人员的要求很高，操作者需要知道印刷所用纸张大小、装订类型、折页、出血、裁切尺寸和裁切标记、十字线和印刷测控条等诸多内容。现在手工拼版基本上已经被电子拼版替代。电子拼版即借助专门的拼大版软件在计算机上完成拼版，采用计算机拼大版的主要优势有：

1. 简化工艺流程

电子拼板可以简化工艺流程，提高自动化程度，代替更多的手工操作，降低对操作人员的要求。

2. 缩短制作时间和准备时间

由于计算机拼版的速度大大超过人工拼版的速度，原来需要拼一天的文件现在一小时内即可完成。

3. 降低原材料浪费

在减少设置和准备时间的同时，减少了调整时的材料浪费，降低了生产成本。由于手工拼版的错误率较高，常常在晒完版后发现拼版有错，而计算机拼版则很少存在这些问题。

4. 提高产品的可靠性和一致性

由于交给印刷厂的文件是已经拼完版的，可以保证在不同的时间和地区加工的产品质量保持一致，而这无形中也提高了印品质量的稳定性。

5. 提高产品质量，减少错误

由于计算机拼版是在出片前由计算机完成的，不存在套准和误差问题，有效地提高了产品质量。

目前印刷企业使用较多的拼版软件有 CorelDraw、崭新印通、海德堡满天星、方正文合等。

思考练习题

1. 在图 2—37 中将版心涂成黄色，纸张的咬口边线描成蓝色，左右中线描成红色，中缝部分涂成绿色，将两个规矩线的横线用蓝笔作虚线连线。

2. 在图 2—37 中分别用箭头标出咬口宽度 a、放边宽度 b、印刷测控条到纸边的距离 c、版面的天头大小 d（版面上文字方向和标注字一样）、地脚大小 e 和切口大小 f。

3. 根据所提供的单页单色印刷品印刷的相关数据画拼版台纸。

印刷品将在一台小印刷机（胶印机）上印刷，晒版时的放边宽度为 4.5 cm，印刷用纸的毛尺寸为 43 cm×32 cm，印刷品的净尺寸为 42 cm×29.7 cm，两个版心尺寸都为 15 cm×21.7 cm，版面天头大小是 2.54 cm，中缝宽 5.6 cm，纸张咬口宽 1.0 cm，印刷测控条长 42 cm，宽 0.6 cm，印刷测控条距纸边的距离为 0.3 cm。

4. 与手工拼版相比，电子拼版有哪些优点？

第五节　晒　　版

拼版得到的胶片常称为晒版片，上面由两个部分组成，即透光部分（透明的部分）和不透光部分（黑色部分）。晒版是在光的作用下将胶片上的图文通过曝光的方式复制到印版上，再对曝光过的印版进行必要的化学处理得到印刷版的过程。经过晒版处理得到的印版与晒版片相对应，会形成图文部分和空白部分。根据印版上图文部分与空白部分的相对位置关系和特性，通常将印版分成凸版、平版、凹版和孔版四种，使用这样的印版来印刷就称为凸版印刷、平版印刷、凹版印刷和孔版印刷，这就是通常所说的四大印刷工艺。

一、凸版印刷

印版上图文部分凸起，且在同一个面（平面或曲面）上，空白部分凹下。印刷时墨辊滚过印版表面，使油墨黏附在凸起的图文部分，然后承印物和印版上的油墨相接触，在压力的作用下，图文部分的油墨便转移到承印物表面，如图 2—44 所示。

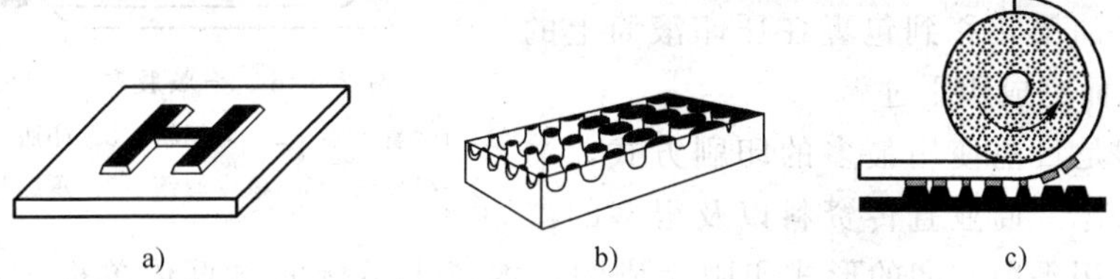

图 2—44　凸版印刷

a）凸版上的文字　b）凸版上的图像网点　c）凸版印刷过程

我国古代的雕版印刷术就是凸版印刷，后来毕昇在这个基础上发明了胶泥活字印刷术，大大改进了凸版印刷工艺。到了 17 世纪，德国人谷登堡创制了铅活字印刷工艺，为现代印刷技术奠定了基础。一直到 20 世纪 70 年代，铅字印刷依然是印刷业最主要的印刷方式。

现在铅字印刷工艺已经被淘汰了，但是由于柔性版印刷的发展，凸版印刷依然是当今主要的印刷方式之一。柔性版印刷的印版柔软且富有弹性，印刷时的印刷压力较小，更多地使用绿色环保的水性油墨，被大量应用于印刷薄膜、纸巾、纸箱等。

二、平版印刷

在平版印刷中，印版上的图文部分和空白部分几乎处在同一平面上，图文部分有很强的吸附油墨和排斥水的能力，而空白部分在先吸附了水之后，就会形成一层保护水膜，具有亲水和斥油的性能。印刷时先对印版上水，使得空白部分被水膜覆盖，然后对印版上墨，这时油墨只黏附在印版的图文部分，承印物和印版在一定的压力作用下将图文部分的油墨转移到承印物表面，如图 2—45 所示。

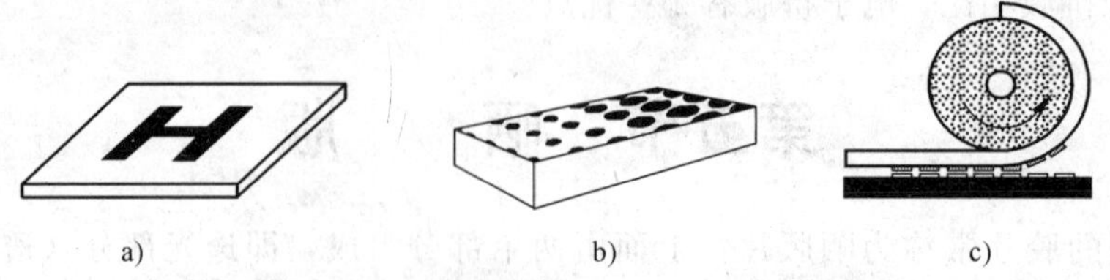

图 2—45 平版印刷

a）平版上的文字 b）平版上的图像网点 c）平版印刷过程

平版印刷最主要的形式是平版胶印，它是一种间接印刷方式，即常说的三滚筒印刷，如图 2—46 所示。这三个滚筒分别为印版滚筒、橡皮滚筒和压印滚筒。印版包裹在印版滚筒上，滚筒转动时印版先和给印版上水的着水辊接触，然后与给印版上墨的着墨辊接触，保证了印版图文部分黏附油墨而空白部分则只有一层水膜。印版滚筒通过和橡皮滚筒的滚压将图文部分的油墨转移到橡皮布上，再通过橡皮滚筒和压印滚筒的滚压将油墨转移到包裹在压印滚筒上的承印物上，从而完成印刷过程。

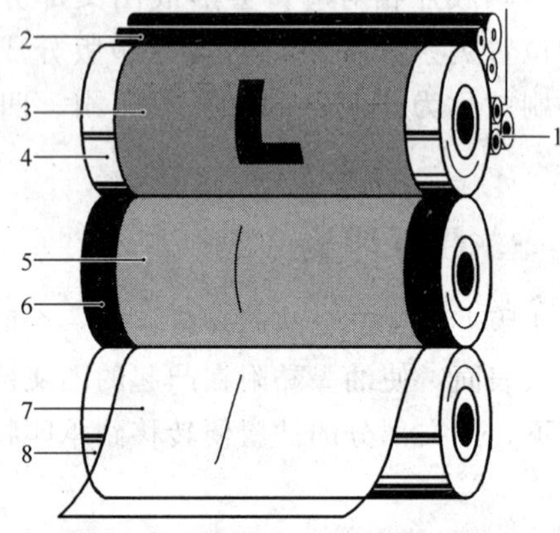

图 2—46 平版胶印（三滚筒印刷）

1—着水辊 2—着墨辊 3—印版 4—印版滚筒 5—橡皮布 6—橡皮滚筒 7—承印物 8—压印滚筒

平版胶印是目前使用最多的印刷方式，书刊、报纸、杂志、商业宣传资料以及很多的产品包装都是采用平版胶印的形式印刷完成的，本章中举例的单页传单也将利用平版胶印来完成。

三、凹版印刷

如图 2—47 所示，与凸版印刷相反，凹版印刷的印版图文部分凹下，空白部分凸起，且在同一平面或曲面上。印刷时印版上图文部分和空白部分都会布满油墨，在刮刀的刮压作用

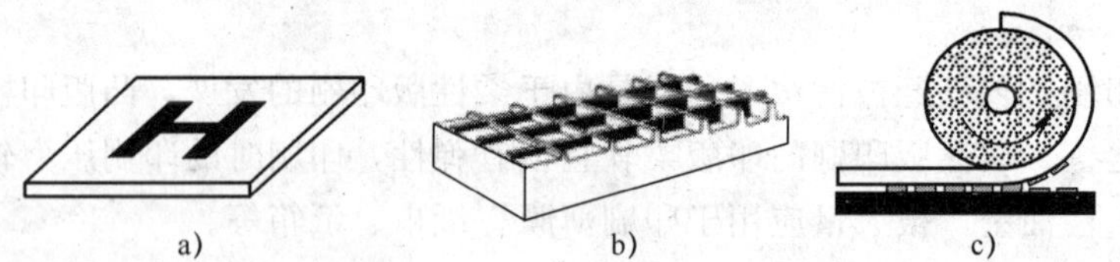

图 2—47 凹版印刷

a）凹版上的文字 b）凹版上的图像网点 c）凹版印刷过程

下，空白部分的油墨被刮去，图文部分的凹槽（常称为孔穴）中布满油墨，承印物和印版接触，在一定的压力作用下，孔穴中的油墨转移到承印物上，从而完成印刷过程。

凹版印刷主要用来印刷钞票、有价证券、塑料薄膜产品等，印版的制版工艺复杂、费用高，但耐印力大，适合进行大批量产品的印刷，同时由于制版工艺复杂，尤其是手工雕刻制版，所印产品还具有一定的防伪功能。

四、孔版印刷

在印版上，图文部分是通透的，而空白部分则是封闭的，版面堆上墨后，在刮刀的刮压下，封闭的空白部分无油墨渗漏，而油墨会穿过通透的图文部分转移到下面的承印物上，从而完成印刷过程，如图 2—48 所示。

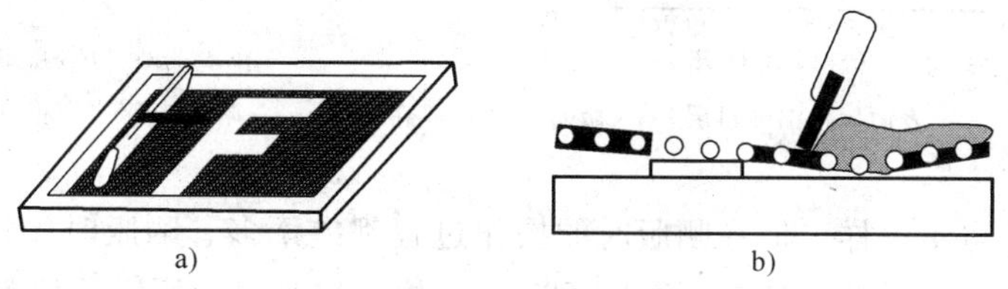

图 2—48　孔版印刷

a）孔版上的文字　b）孔版印刷过程

丝网印刷是最主要也是最常见的孔版印刷，它广泛应用于服装、标牌、不干胶、电路板等的印刷，也是四大印刷工艺中适用承印物范围最广的印刷方式。

五、PS 版晒版工艺与设备

对于单页传单来说，首先会考虑用平版胶印，就是将拼版得到的胶片制成 PS 版并在胶印机上印刷。

PS 版是预涂感光版 Pre-sensitized Plate 的缩写。PS 版的结构如图 2—49 所示，它由版基、表面氧化铝砂目层和感光胶层三个部分组成。

PS 版的版基是 0.5 mm、0.3 mm、0.15 mm 等厚度的铝板。表面经过粗化处理后再进行氧化处理，形成一层致密的氧化铝砂目层，从而有很强的吸附能力，保证了感光胶层和印刷时水的稳定附着，同时耐磨性和抗氧化性也得到很大提高。

PS 版的晒版是在晒版机上进行的，图 2—50 所示为一台 PS 版晒版机。

晒版光源为含有大量紫外光的碘镓灯或金属卤素灯。带有密封圈的橡皮布上面有气眼，密封腔通过导气管与真空抽气泵连接，当晒版玻璃和橡皮布合上时，通过真空抽气泵抽气可以得到很好的真空环境，使得其间的晒版胶片与 PS 版紧密接触。晒版机上一般还会设有数量不等的抽屉，供放置胶片用。帘布在晒版曝光时合上，用以隔离紫外线对晒版操作人员的辐射。

根据晒版使用的晒版片的不同，PS 版分为阳图型 PS 版和阴图型 PS 版两种。这两种印版晒版时使用的胶片不同，前者使用的是阳片（反阳片），后者使用的是阴片（反阴片），它

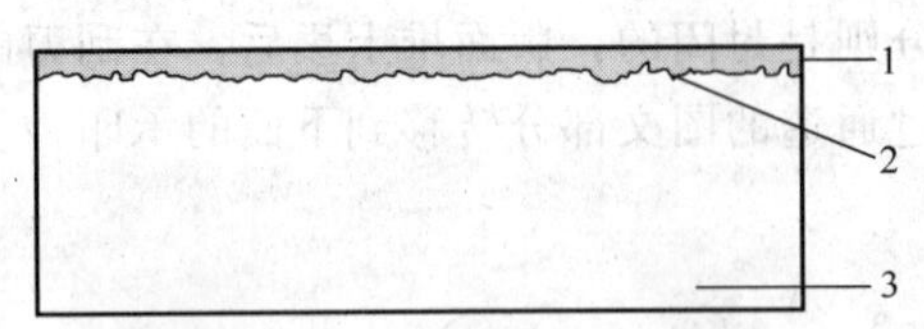

图 2—49　PS 版的结构

1—感光胶层　2—表面氧化铝砂目层　3—版基

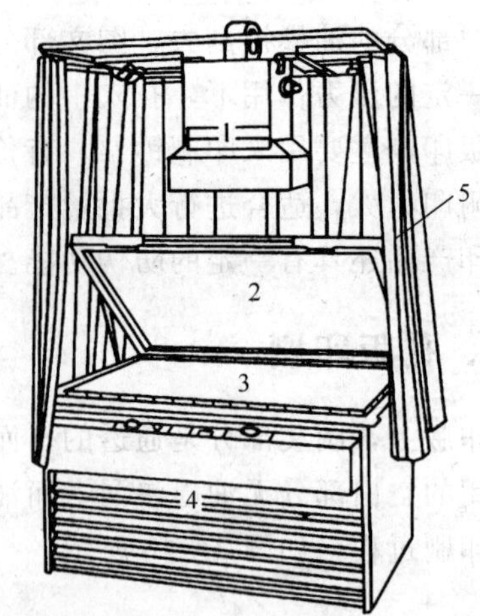

图 2—50　PS 版晒版机

1—晒版光源　2—晒版玻璃　3—橡皮布　4—抽屉　5—帘布

们的感光胶层特性也不一样，但在晒版时的操作过程都差不多，晒版时先将 PS 版放置在晒版机橡皮布的中央位置，然后把胶片药膜面向下，根据拼版台纸所定的位置放在印版上（可以利用打孔来定位），合上晒版玻璃并打开抽气泵进行抽真空，打开晒版光源对印版曝光，曝光结束后取出印版进行显影、水洗，就得到需要的印刷版了。

1. 阳图型 PS 版的晒版

(1) 曝光

如图 2—51 所示，曝光的光源为紫外光，胶片的药膜面和阳图型 PS 版的药膜面紧密接触，紫外光会穿过胶片透明的空白部分到达印版上，使印版感光胶层曝光产生光分解反应，而图文部分的紫外光则被阻挡，印版上的感光胶层没有变化。

(2) 显影

感光胶层见光分解后的产物溶于碱溶液，所以显影液都使用碱性溶液。显影后空白部分的感光胶层都被溶解，露出下面的氧化铝砂目层，而图文部分的感光胶层则依然没有变化。这样印版上就形成了有很强黏附油墨性能的图文部分和具有很强吸附能力的空白部分砂目层，如图 2—52 所示。

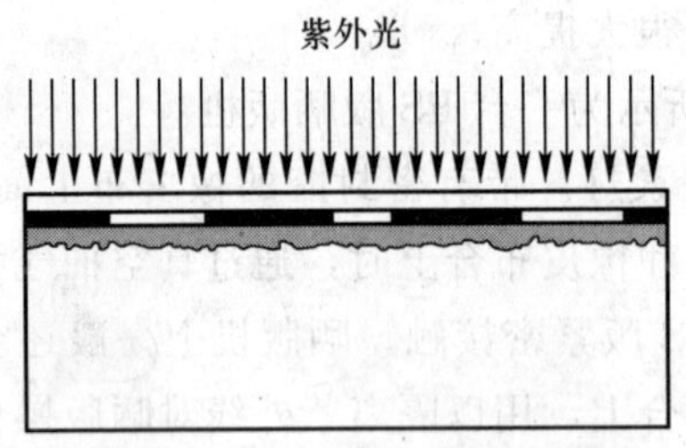

图 2—51　阳图型 PS 版的曝光

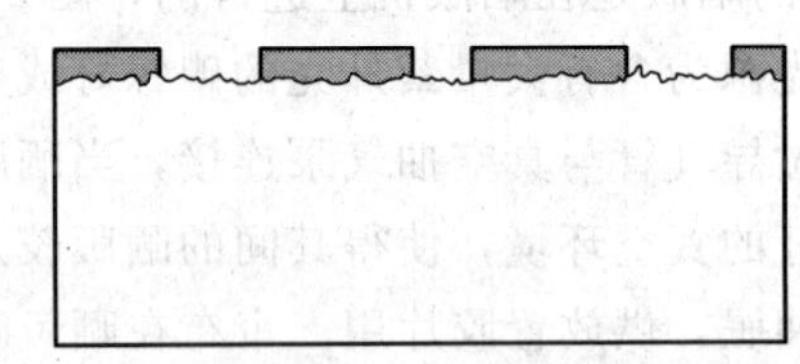

图 2—52　阳图型 PS 版显影后的印版版面

显影后的印版还需要进行水洗处理，洗去上面的残留药液，涂上防止版面氧化的保护胶，干燥后晒版就完成了。

2. 阴图型 PS 版的晒版

（1）曝光

阴图型 PS 版晒版过程与阳图型的一样，只是在曝光时见光的部分为印版的图文部分。见光后感光胶层交联硬化，并且具有很强的黏附油墨的能力，而空白部分的感光胶层则没有变化，如图 2—53 所示。

（2）显影

阴图型 PS 版的感光胶层本身溶于显影溶液，显影后空白部分未见光的感光胶层都被溶解，露出下面的氧化铝砂目层，而图文部分的感光胶层由于已见光交联硬化则不被溶解。这样印版上就形成了有很强黏附油墨性能的图文部分和具有很强吸附能力的空白部分砂目层，如图 2—54 所示。

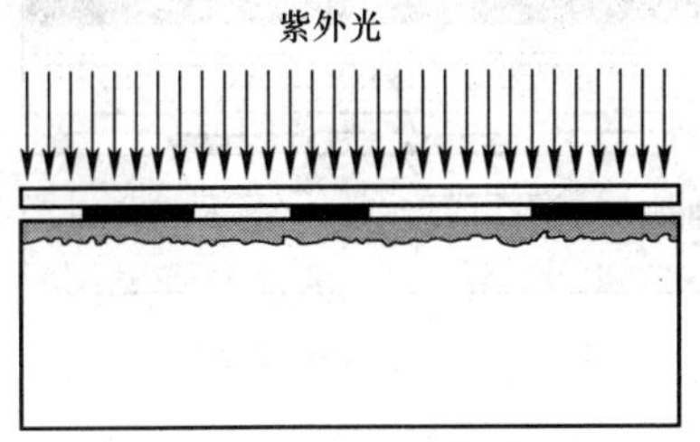

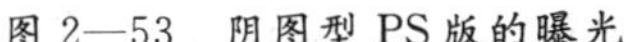

图 2—53　阴图型 PS 版的曝光

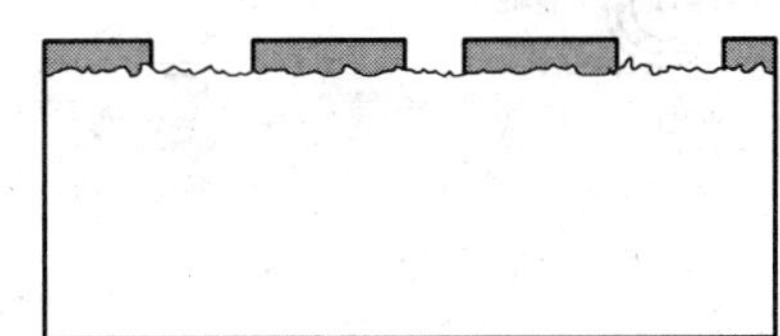

图 2—54　阴图型 PS 版显影后的印版版面

阴图型 PS 版显影完后也要进行水洗、涂保护胶和干燥等处理。

PS 版的显影、水洗、涂保护胶和干燥可以手工完成，和胶片处理中的自动冲片机一样，现在越来越多地是借助 PS 版自动冲版机来自动完成。

思考练习题

1. 在图 2—46 中，识读 1～8 与印版、印版滚筒、着水辊、着墨辊、橡皮布、橡皮滚筒、压印滚筒、承印物的对应关系。在橡皮布和承印物上分别画出字母 L 转印时的形状。

2. 图 2—55 为柔性版印刷示意图，左边的 R 为网纹传墨辊（边上带有刮墨刀 P），中间的 K 为印版滚筒，右边的 G 为压印滚筒。标出图中的承印物以及印版上的图文部分和空白部分，说明它是四大印刷工艺的哪种印刷，并简要描述其印刷过程。与铅印版相比，其印版有什么不同？

3. 回答下列问题：

（1）图 2—56 至图 2—58 所示为某种印刷方式的印版及其印刷过程示意图，这种印刷方式属于________。

1）由图 2—56 可见其印版特性是________。

2）图 2—57 所示的印刷过程为________。经过这一过程后，印版上________部分黏附油墨，________部分没有油墨。用笔在图上标明。

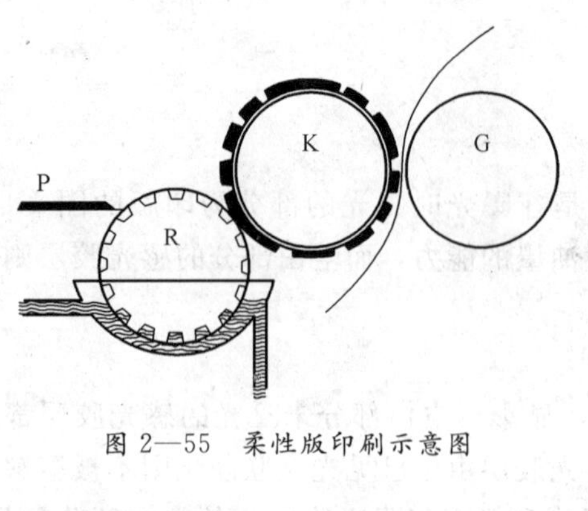

图 2—55　柔性版印刷示意图

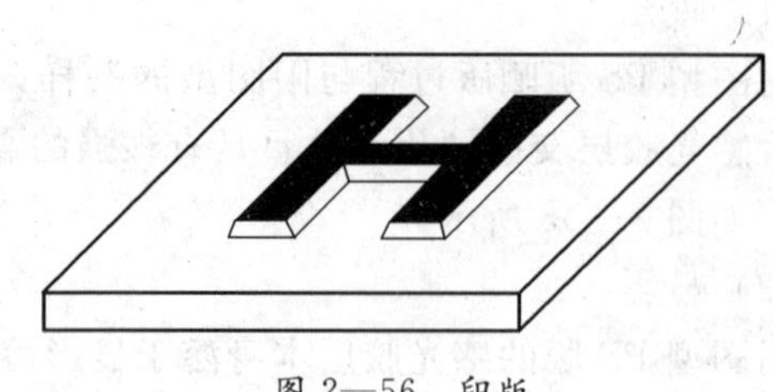
图 2—56　印版

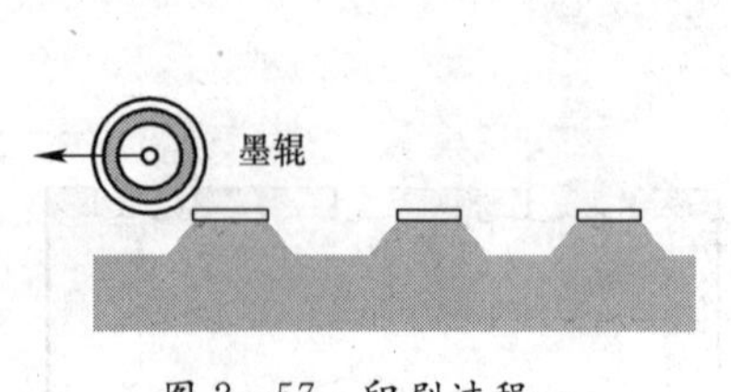

图 2—57　印刷过程一

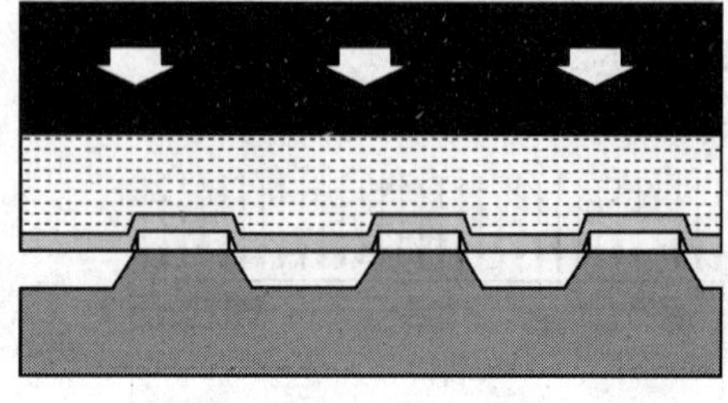
图 2—58　印刷过程二

3）图 2—58 所示的印刷过程为________。将图中的承印物描成蓝色，油墨描成红色。

讨论：在图 2—58 中，压印体上包有一层软性的衬垫，这样对印刷有什么好处（可以联想在盖印时为什么常将纸下面放置一块胶垫）？

（2）图 2—59 至图 2—61 所示为某种印刷方式的印版及其印刷过程示意图，这种印刷方式属于________。

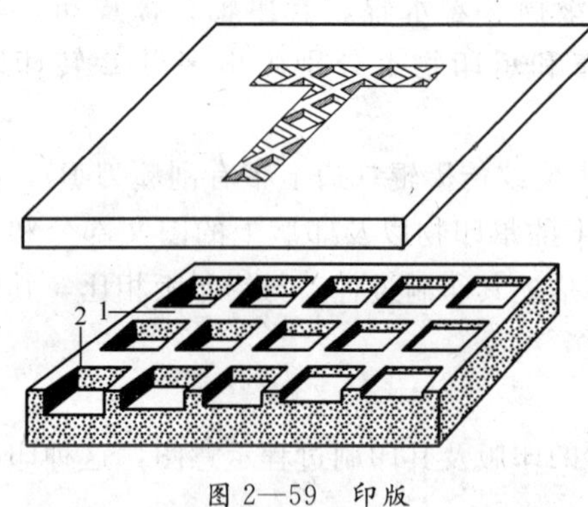

图 2—59　印版

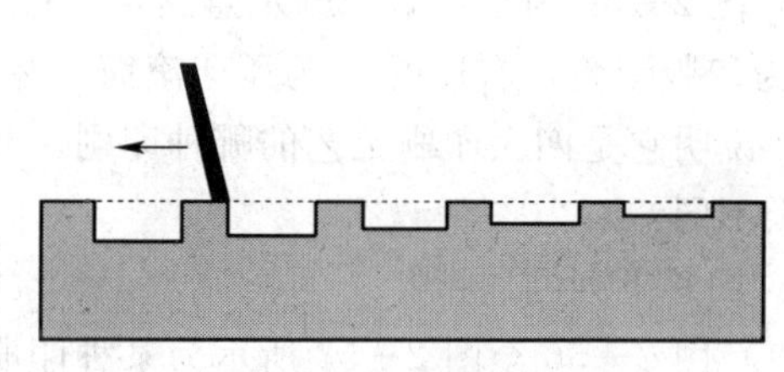
图 2—60　印刷过程一

1）由图 2—59 可见其印版特性是________。图中 1 和 2 分别代表________。

2）图 2—60 所示的印刷过程为________。在图中指出刮板的位置，并在图上画出刮板左右的油墨分布情况。

3）图 2—61 所示的印刷过程为________。将图中的承印物描成蓝色，油墨描成红色。

（3）图 2—62 至图 2—65 所示为某种印刷方式的印版及其印刷过程示意图，这种印刷方式属于________。

1）由图 2—62 可见其印版特性是________。

2）图 2—63 所示的印刷过程是________。在图中用蓝笔画出水涂布的位置。

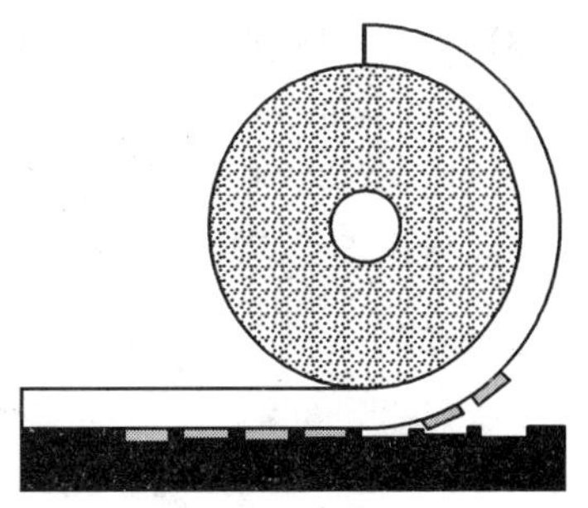

图 2—61 印刷过程二

图 2—62 印版

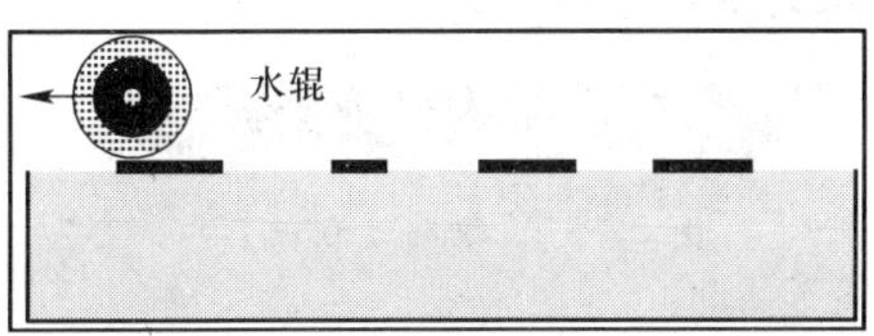

图 2—63 印刷过程一

图 2—64 印刷过程二

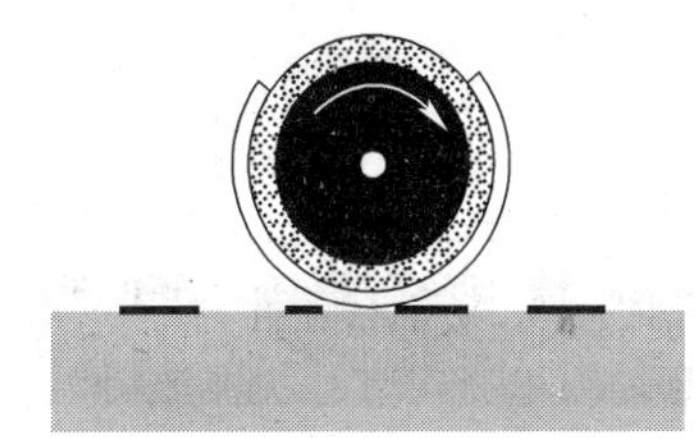

图 2—65 印刷过程三

3）图 2—64 所示的印刷过程是________。在图中用蓝笔画出水涂布的位置，用红笔画出油墨的位置。

4）图 2—65 所示的印刷过程是________。将图中的承印物描成蓝色，并用红笔绘出油墨转移的情形。

（4）图 2—66 至图 2—70 所示为某种印刷方式的印版及其印刷过程示意图，这种印刷方式属于________。

1）由图 2—66 可见其印版特性是________。

图 2—66 印版

2）图 2—67 所示的印刷过程是________。用蓝笔描出承印物，用红笔描出油墨，并将印版上的图文部分描成绿色。

3）图 2—68 所示的印刷过程是________。指出图中刮版的位置，用红笔描出此时油墨在印版上的分布情况。

4）图 2—69 所示的印刷过程是________。说明此时印版上油墨转移的情形。

5）指出图 2—70 中 1～8 的名称。

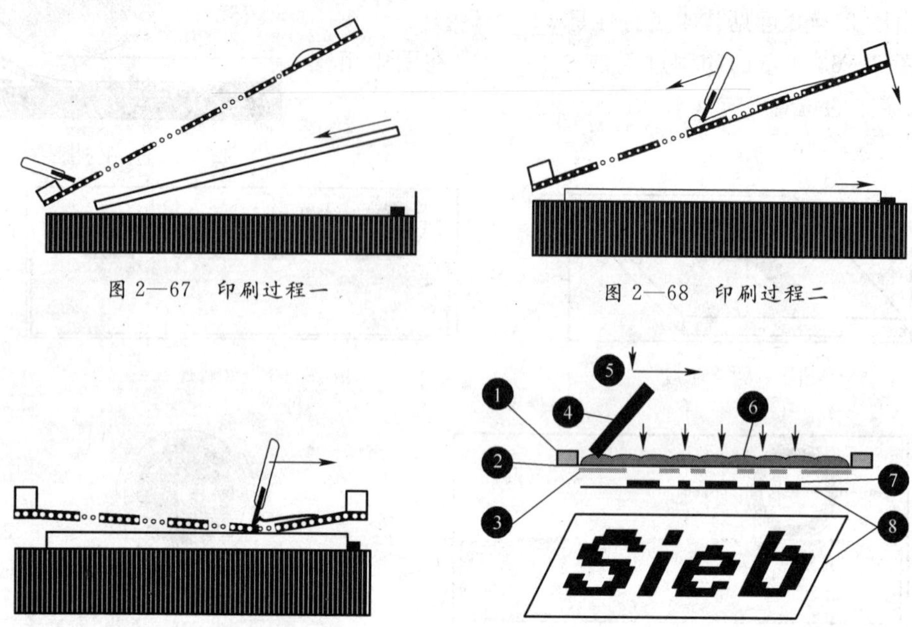

图 2—67 印刷过程一

图 2—68 印刷过程二

图 2—69 印刷过程三

图 2—70 印刷要素

4. 对照德国海德堡公司提供的凹版印刷、凸版印刷、平版胶印和数字印刷的市场份额统计与未来预测图（见图 2—71），请说明这几种印刷工艺的过去、现在和未来的发展状况。讨论是什么原因使得从 20 纪 70 年代开始凸版印刷的市场份额呈急剧下降趋势，又是什么原因使得从 20 世纪 90 年代开始凸版印刷的市场份额不降反而有所增长。对数字印刷的未来你有什么看法？

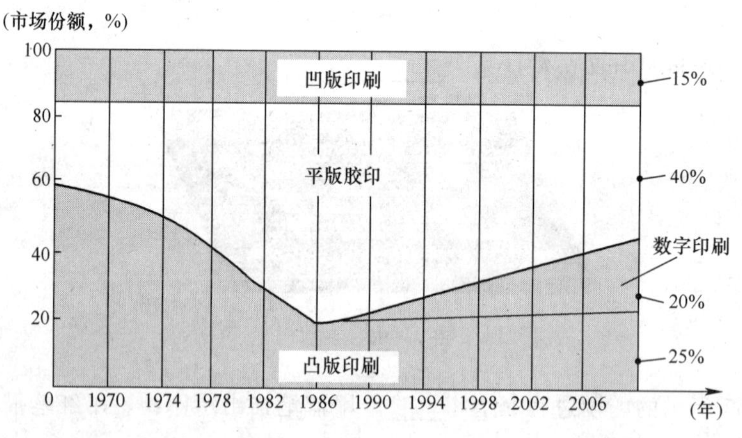

图 2—71 四种印刷工艺的市场份额统计与未来预测图

5. 在图 2—52 中标出印版的空白部分和图文部分，并说明这两个部分的成分和特性。

6. 在图 2—54 中标出印版的空白部分和图文部分，并说明这两个部分的成分和特性。

7. 比较图 2—51 和图 2—53，说明为什么得到如图 2—52 和图 2—54 所示的两种印版版面。

8. 标出图 2—53 中的晒版胶片及其图文部分和空白部分、PS 版感光胶层，并将见光交联硬化的感光胶层描成绿色，未变化的感光胶层描成蓝色。

9. 标出图 2—51 中的胶片、胶片图文部分、PS 版感光胶层，并将见光分解的感光胶层描成蓝色，未变化的感光胶层描成绿色。

10. 表 2—7 分别说明了阴图型和阳图型 PS 版的晒版处理过程，对照正文填表。

表 2—7　　PS 版晒版处理过程

PS 版种类	________	________
晒版胶片种类与特性	________	________
处理过程名称：	印版上的变化：________	印版上的变化：________
处理过程名称：	版面变化：________	版面变化：________

续表

第六节　印　　刷

传单的印量一般不会很大，但是印刷质量却要求比较高，所以采用单张纸胶印机来印刷是比较好的选择。前面已经介绍了平版胶印工艺，下面具体介绍单张纸胶印机如何将 PS 版上的图文转印到纸张上。

一、单张纸胶印机的结构

单张纸胶印机的基本结构如图 2—72 所示，它主要由三滚筒印刷部分、输墨装置、输水装置、给纸装置和收纸装置五个部分组成。

1. 三滚筒印刷部分

三滚筒印刷部分是单张纸胶印机的核心部分，三滚筒分别是印版滚筒、橡皮滚筒和压印滚筒。其中印版滚筒和橡皮滚筒的直径是一样的，而压印滚筒的直径则会有所不同。如果压印滚筒的直径也一样，那么这样的印刷机称为等径三滚筒印刷机；有的印刷机的压印滚筒直径为其他滚筒的两倍，这种印刷机就称为倍径滚筒印刷机；也有的印刷机的压印滚筒的直径会更大。

三滚筒以一定的角度排列，这个角称为滚筒排列角。三滚筒的排列方式有两种，人们形象地称之为七点钟排列和五点钟排列，图 2—73 所示为滚筒排列角与七点钟排列示意图。

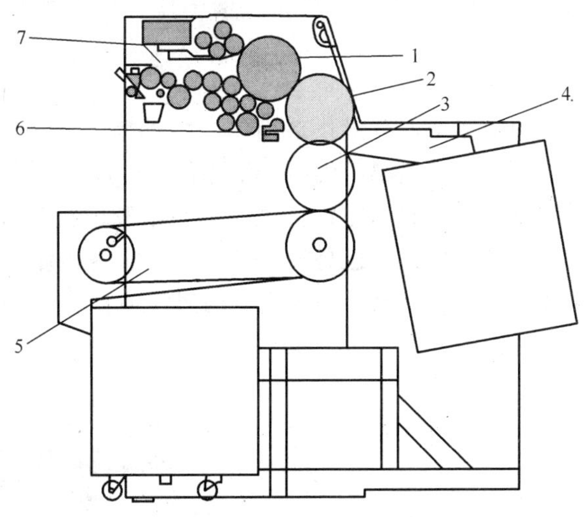

图 2—72　胶印机的基本结构
1—印版滚筒　2—橡皮滚筒　3—压印滚筒　4—给纸装置
5—收纸装置　6—输墨装置　7—输水装置

三滚筒的组成十分复杂，如图 2—74 所示。印版（PS 版）包裹在印版滚筒 P 的滚筒体上，在印版下面有时还会放置纸张、薄胶片等材料，称为印版衬垫。在橡皮滚筒 G 上包有橡皮布和橡皮衬垫，纸张一般包裹在压印滚筒 D 上印刷。三滚筒的滚筒体上所包裹的这些材料的厚度会直接影响滚筒之间的压力。在 PS 版晒版中，介绍有三种厚度的印版，它们的使用不是随意的，压力是使用时考虑的一个重要因素。

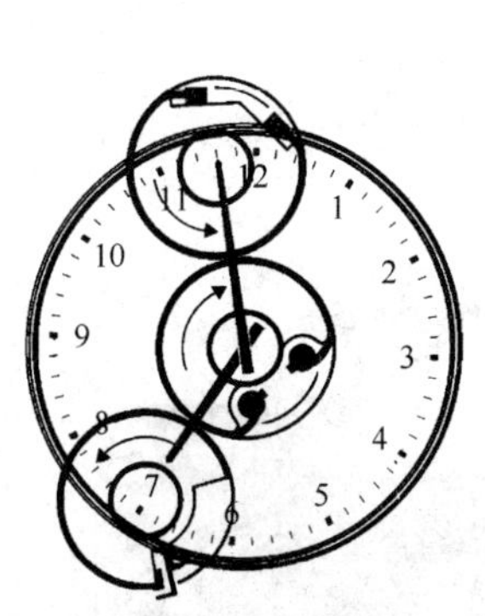

图 2—73　滚筒排列角与七点钟排列示意图

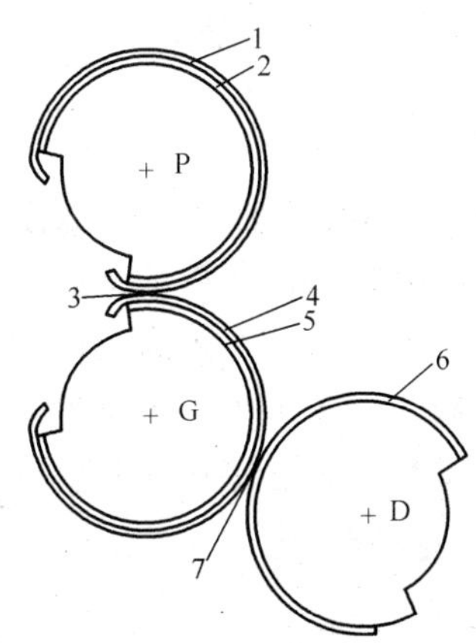

图 2—74　三滚筒及其包衬
1—印版　2—印版衬垫　3—印版滚筒与橡皮滚筒合压区
4—橡皮布　5—橡皮衬垫　6—纸张
7—橡皮滚筒与压印滚筒合压区

使用橡皮布来转印油墨是胶印的最大特点，同时也是胶印名称的由来。橡皮布的种类有普通橡皮布和气垫橡皮布两种，它们的结构如图 2—75 所示。图 2—75a 所示为一种六层普通橡皮布的结构，图 2—75b 所示为一种气垫橡皮布的结构，和普通橡皮布相比多了一层气垫层。由于气体具有可压缩性，使气垫橡皮布的性能要优于普通橡皮布。

2. 输墨装置

输墨装置源源不断地为印版图文部分提供薄而均匀的油墨。不同厂家和型号的胶印机，其输墨装置的结构也不尽相同，但一般都由供墨的墨斗机构、起匀墨作用的若干匀墨辊、给印版着墨的着墨辊三部分组成。在所有的印刷机中，单张纸胶印机的输墨装置是最复杂的。图 2—76 所示为一种印刷机的墨辊机构，也是最常见的一种输墨装置。墨斗里的油墨由墨斗辊输出，经传墨辊传到匀墨装置，经过众多匀墨辊将油墨拉薄打匀。与印版接触，对版面上图文部分涂布油墨的 4 根着墨辊也称为靠版墨辊。

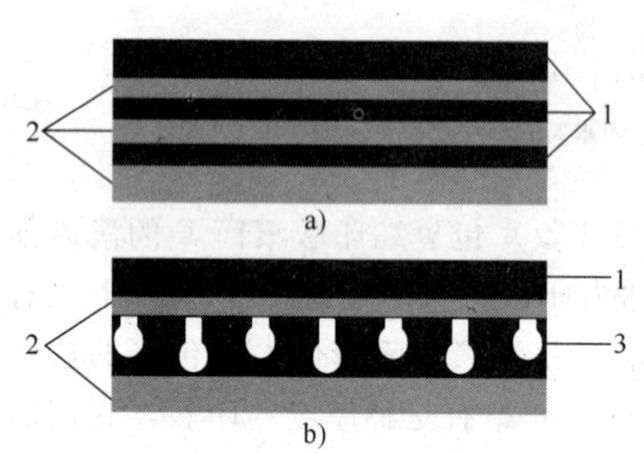

图 2—75　普通橡皮布与气垫橡皮布的结构

a）普通橡皮布　b）气垫橡皮布

1—橡胶层　2—织布层　3—气垫层

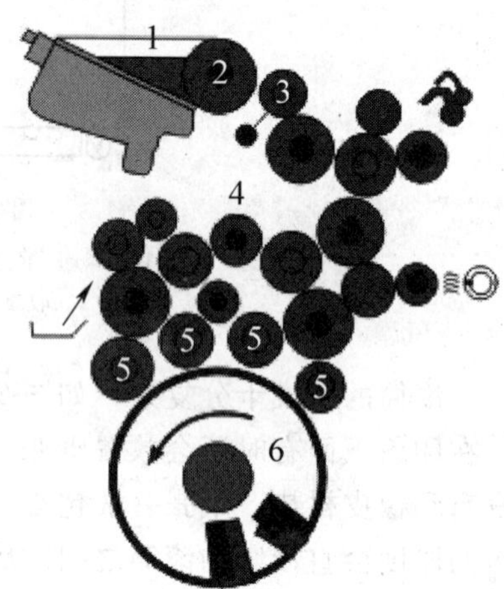

图 2—76　胶印机输墨装置

1—墨斗　2—墨斗辊　3—传墨辊　4—匀墨装置

5—着墨辊　6—印版滚筒

胶印机高速运转中产生的热量会导致机内温度升高，引起油墨乳化等故障，严重影响印刷作业。因此，高速胶印机还借助金属墨辊来实现对墨路的冷却。如图 2—77 所示，循环冷却装置将经冷却（控制到 15℃左右）的油输入墨斗辊和传墨辊的中心空腔，通过冷却这些墨辊实现温度控制。

3. 输水装置

输水装置也称为润湿装置，传统胶印必须借助水才能实现印刷工艺过程，润湿装置是胶印机必不可少的部分。润湿装置的结构相对输墨装置要简单得多，它可分为酒精润湿装置和普通润湿装置两种，如图 2—78 和图 2—79 所示。

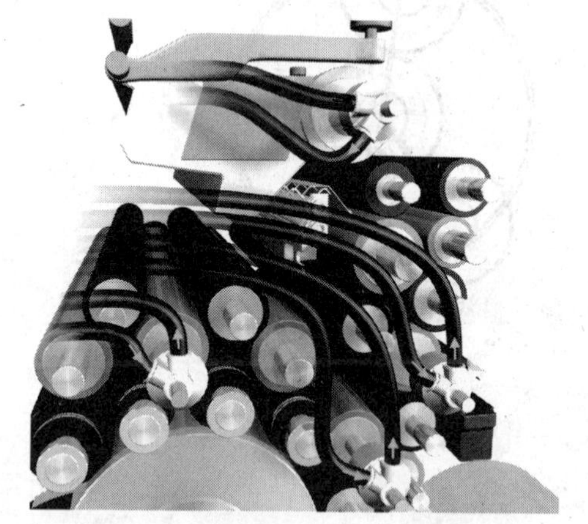

图 2—77　墨路循环冷却装置工作原理

图 2—78　酒精润湿装置
1—水斗辊　2—计量传水辊　3—着水辊
4—串水辊　5—桥辊　6—着墨辊

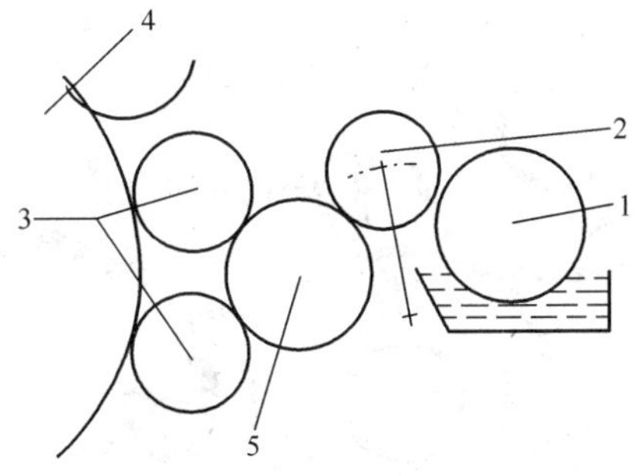

图 2—79　普通润湿装置
1—水斗辊　2—传水辊　3—着水辊
4—印版滚筒　5—串水辊

从图 2—78 和图 2—79 中可以看出这两种装置有很大的差别，酒精润湿装置的供水是连续的，计量传水辊与水斗辊始终靠在一起，且只有一根着水辊给印版空白部分上水。着水辊下面设一根串水辊。酒精润湿装置的水路较短，一般只经过 3 根水辊就到达印版。设置桥辊是酒精润湿装置的明显特征，桥辊连接着水辊与着墨辊，使得水和墨提前接触与乳化，从而快速达到水墨平衡，提高印刷效率与质量。普通润湿装置则有一个传水辊，在水斗辊和串水辊之间来回摆动实现间隙供水，一般都会有两根着水辊同时对印版上水。

虽然酒精润湿装置供水量小，但因使用的酒精润版液能够迅速在印版版面铺展，润版效果比普通润湿装置更好，也更适于高速印刷机。

酒精润湿装置都是由中央水箱循环供液，中央水箱内设置冷却装置，对输入水斗的润版液进行温度控制。润版液的温度控制要比油墨部分的温度控制更为重要。一方面通过对润版液的温度控制实现对机内温度的控制，尤其是对印版版面的温度控制；另一方面，酒精在低温时挥发较小，从而保持润版液中酒精浓度的稳定。润版液的温度一般控制在 9～10℃之间。

4. 给纸装置

单张纸胶印机的给纸装置主要完成对纸张的分离、输送和定位，它由分纸装置、输纸台和定位装置三个部分组成。

分纸装置通常也称为飞达，由英文 Feed 音译而来。由于输纸布带控制起来相对较难，现代高速印刷机越来越多地采用气动输纸台来输纸。

胶印机的给纸装置按分纸和输送纸张的方式不同，分为间隔式给纸装置和连续式给纸装置两种类型，它们的工作原理如图 2—80 和图 2—81 所示。

在间隔式给纸装置中，分纸吸嘴、分纸吹杆、分纸舌和压纸杆、后挡纸块及侧挡板一起完成对纸堆最上面一张纸的分离。输纸叼牙将分离的纸张叼住并递送到定位装置处。输纸叼牙作往返摆动，每一个来回送出一张纸，因而纸张是间隔输送的。这种给纸装置结构简单，调节方便，比较适合小幅面慢速（10 000 印/h 以下）印刷机，其中最典型的就是海德堡 GTO52 系列印刷机。

图 2—80　间隔式给纸装置的工作原理

1—分纸吸嘴　2—分纸舌　3—分纸吹杆　4—输纸叼牙　5—纸堆　6—侧挡板　7—压纸杆　8—后挡纸块

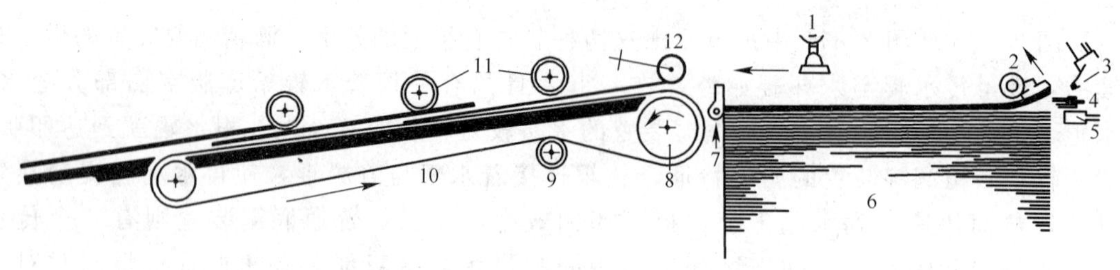

图 2—81　连续式给纸装置的工作原理

1—送纸吸嘴　2—分纸吸嘴　3—压纸吹嘴　4—分纸毛刷　5—松纸吹嘴　6—纸堆　7—挡纸舌　8—导纸辊　9—布带张紧轮　10—输纸布带　11—压纸滚轮　12—导纸点轮

连续式给纸装置的结构要复杂得多，分纸装置中，松纸吹嘴先将纸堆最上面的几张纸吹松，两个分纸吸嘴下移吸住最上面的那张纸并向上侧抬（如图中箭头所示方向），分纸毛刷刮开下面可能粘连的纸张，压纸吹嘴下移压住下面的纸堆并吹气，使得上面的纸张与纸堆分离。这时送纸吸嘴下移吸住分离的纸张，并向前移动将纸张送到输纸台上，挡纸舌此时倒下让纸。在输纸台上，导纸辊转动，带动输纸布带循环移动。布带张紧程度可由布带张紧轮调节，布带都设有两条。在输纸台的布带上安置若干对称的压纸滚轮，和布带一起将纸张输送到定位装置。当纸张送过来时，导纸点轮抬起让纸，从而保证纸张顺利进入输纸系统。在输纸台上纸张相互交叠且连续。这种给纸装置适合于大幅面高速印刷机。

纸张的定位装置也称为规矩，它由前规和侧规组成。由于不在同一条直线上的三个点确定一个面，所以印刷中对纸张的定位都采用两个前规和一个侧规，如图 2—82 所示。箭头所指为纸张在输纸台上的移动方向，纸张先到达两个平齐的前规处进行定位，然后再进行侧规定位。

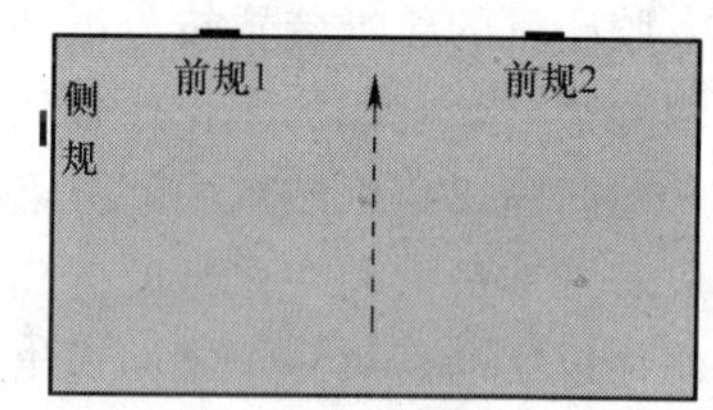

图 2—82　纸张在规矩部位的定位

5. 收纸装置

收纸装置由收纸链条传送装置和收纸台组成。印刷完的纸张由压印滚筒的叼纸牙排传递给收纸链条上的叼纸牙排，再由链条传送到收纸台上，收纸台上设有将纸张理齐的理纸机构。现代印刷机上在收纸部分还设有很多辅助装置，如防止背面蹭脏的喷粉装置、促进油墨干燥的干燥装置等。

收纸装置分为高台收纸装置和低台收纸装置两种，如图 2—83 和图 2—84 所示。

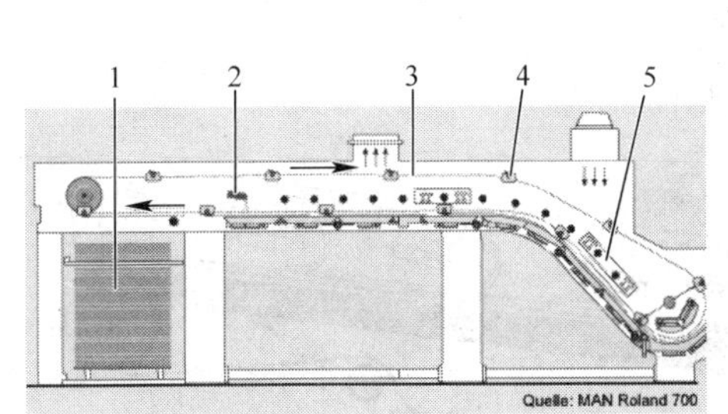

图 2—83　高台收纸装置

1—收纸堆　2—喷粉装置　3—收纸链条

4—收纸链条上的叼纸牙排　5—干燥装置

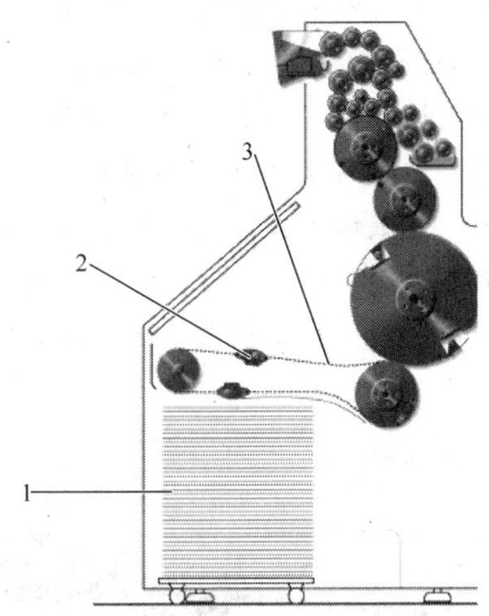

图 2—84　低台收纸装置

1—收纸堆　2—收纸链条上的

叼纸牙排　3—收纸链条

高台收纸装置的收纸链条较长，且从压印滚筒上接纸后链条上抬，收纸链条两个链轮的高度差较大。收纸台容量较大，适用于大幅面高速印刷机。低台收纸装置则仅用于低速小幅面印刷机中，收纸链条较短，两端的两个链轮几乎水平，收纸台容量较小。

二、印刷过程控制

在了解胶印机的基本结构后，下面讲述印刷传单的过程。

1. 印刷前的准备

在开机调试印刷前，必须做的工作有装版、上墨、上水和上纸等。将晒好的印版安装到印版滚筒的版夹上固定拉紧的过程称为装版，装版时应尽量使印版在滚筒上的位置上下左右居中。上墨是将印刷的油墨从墨罐中取出添加到墨斗中，并添放适量的添加剂搅拌备用。上水是将调配好的润版液添加到水斗中。上纸需要一定的基本功，首先要将切好的白纸（通常称为白料）抖松闯齐，再码到给纸台上，纸张完全抖开和码放整齐对后面的正常印刷是很关键的。

2. 走纸

走纸就是使纸张能够在印刷机中正常地分离、输送、定位、传递和收齐。走纸调节包括根据纸张的规格调节飞达、输纸台、规矩、印刷机的叼纸牙以及收纸部分的理纸机构等。

（1）飞达的调节

飞达调节就是根据纸张的规格和厚度调节飞达各部件的位置和高度，以及各吹嘴和吸嘴的气量大小。图 2—85 所示为飞达部件的相对位置。从图中可以看出，两个分纸吸嘴紧靠纸张的拖稍，压纸吹嘴的位置在纸张的中线上，送纸吸嘴在纸张的 1/4 线上，与导纸点轮对齐。

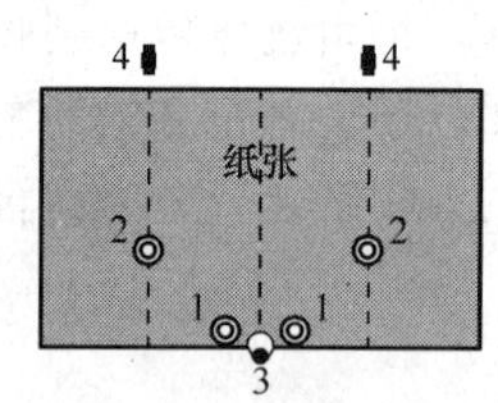

图 2—85　飞达部件的相对位置

1—分纸吸嘴　2—送纸吸嘴　3—压纸吹嘴　4—导纸点轮

（2）输纸台的调节

输纸台上输纸布带的张力，以及压纸轮、压纸毛刷的压力和相关输纸控制装置都需要进行调节。输纸台上的相关部件如图 2—86 所示。输纸布带的张力要适度，压纸轮、压纸毛刷的压力要适度、均匀。输纸台上的输纸控制装置一般有双张控制、空张控制、纸张歪斜控制以及纸张早到晚到控制等。另外，输纸台上一般都设有安全杠，以防止异物随纸张进入印刷机对机器造成破坏。

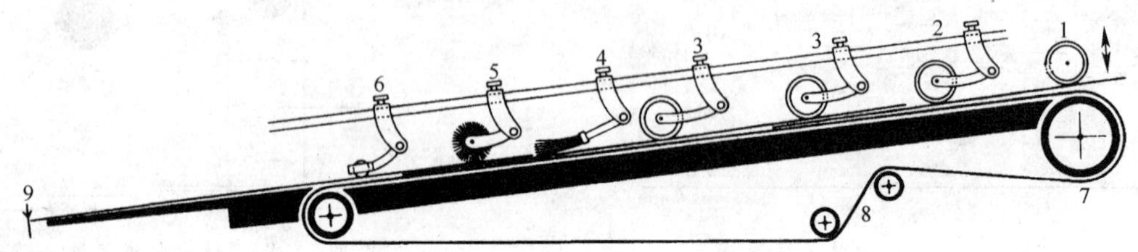

图 2—86　输纸台上的相关部件

1—导纸点轮　2、3—压纸滚轮　4—压纸毛刷　5—压纸毛刷辊　6—压纸滚球　7—传动辊　8—张紧轮　9—定位边

（3）规矩的调节

印刷机上一般会装有 5～7 个前规和 4 个侧规。要根据纸张幅面的大小选择其中的两个前规，选择时可以考虑纸张 1/4 处的 2 个。2 个侧规分布在输纸台的左右两边，视情况选用其中的一个。

（4）叼纸牙和收纸部分的调节

当纸张的厚度变化较大时需要对印刷机叼纸牙的叼纸力进行相应调节，如由厚纸转而印刷薄纸时需要将叼纸力加大。

收纸部分的调节主要是根据纸张的规格调节左右齐纸板和后齐纸板，从而使印刷完的纸张能够在收纸台上理齐。

3. 印刷

印刷的调节分为两步：一是套合，二是墨色。

对于单色传单来说，它的套合主要是参考规矩线与角线将图文印刷到纸张上的居中位置。

胶印是利用油水互不相溶的原理来印刷的，印刷时对水量和墨量的控制是印刷控制墨色的关键。如图 2—87 所示，印版滚筒作逆时针转动，使印版首先与输水装置的着水辊接触，对印版空白部分上水。印版空白部分形成了一层薄薄的水膜后便具有了排斥油墨的特性。图文部分为斥水感光层，水膜就不会覆盖到图文部分。印版再转到输墨装置部分时，着墨辊上的油墨

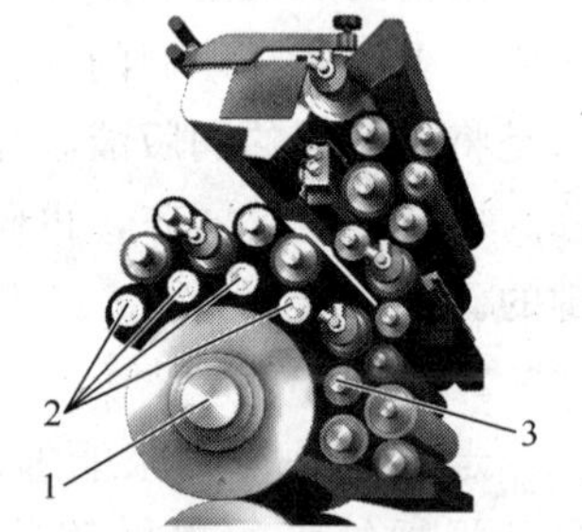

图 2—87　印刷时印版的上水和上墨

1—印版滚筒　2—着墨辊　3—着水辊

就只会黏附在图文部分的感光胶上。印版再和下面的橡皮布接触时，在印版与橡皮布间一定的压力作用下，油墨就会转移到橡皮布上，然后再转移到纸张上。水量和墨量之比在印刷中要视具体情况控制在一定的范围内，印出来的产品才会是合格的，这种确定的水墨量的关系也称为水墨平衡。如果印品出现墨色浅淡、发虚或者空白部分带脏等情况，水墨很可能就失衡了。

印版滚筒与橡皮滚筒、橡皮滚筒与压印滚筒之间的压力会直接影响油墨由印版到橡皮布再到纸张的转移，这两个压力就是通常所说的印刷压力。

对于胶印印刷控制来说，常用两个“越小越好”来概括，即在保持水墨平衡的前提下，水量越小越好，压力越小越好。

调节好套合、墨色和压力后就可以正式印刷了。正式印刷过程中要不断地抽样检查和调整。

印刷完成之后，需要打扫现场，将印刷机清洗干净。清洗印刷机包括清洗橡皮布、印版和着墨辊，清洗着墨辊通常也称为刮胶。印版清洗干净后还要用封版胶封版，以防止印版氧化。

思考练习题

1. 图 2—88 所示为德国海德堡 GTO52 印刷机的结构。

（1）指出图中 1～8 的名称，用红笔画出该印刷机印刷时纸张从给纸台到收纸台的传递路线。

（2）一次纸张的传递过程能够被印刷__________面__________色。

（3）在图中画出三滚筒的排列角，并量一下大概是多少度。

（4）此印刷机的滚筒排列方式是什么样的？

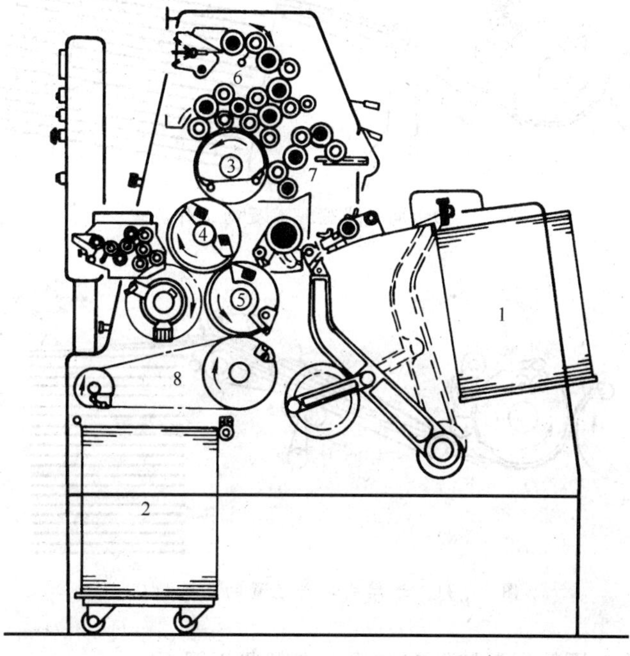

图 2—88　德国海德堡 GTO52 印刷机的结构

2. 图 2—89a 所示为两种胶印橡皮布的组成，图 2—89b 所示为这两种橡皮布在印刷时的受压变形情况。

(1) 在图 2—89a 中分别标出每一层的名称，指出哪个是普通橡皮布，哪个为气垫橡皮布。

(2) 对照图 2—89b，分析两种橡皮布在印刷时受压变形的特点，为什么普通橡皮布在受压时压印区两端会出现凸包，而气垫橡皮布则没有？

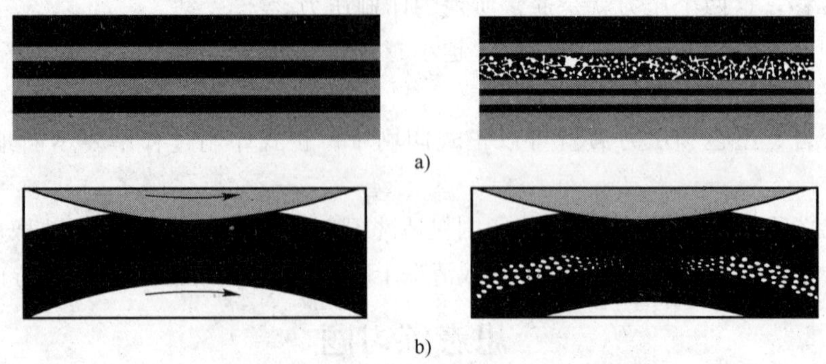

图 2—89　胶印橡皮布

a）胶印橡皮布的组成　b）胶印橡皮布在印刷时的受压变形情况

3. 如图 2—90 和图 2—91 所示为单张纸胶印机两种输纸装置的工作原理，对照两图说明这两种输纸装置的工作过程。

图 2—90　间隔式输纸装置的工作原理

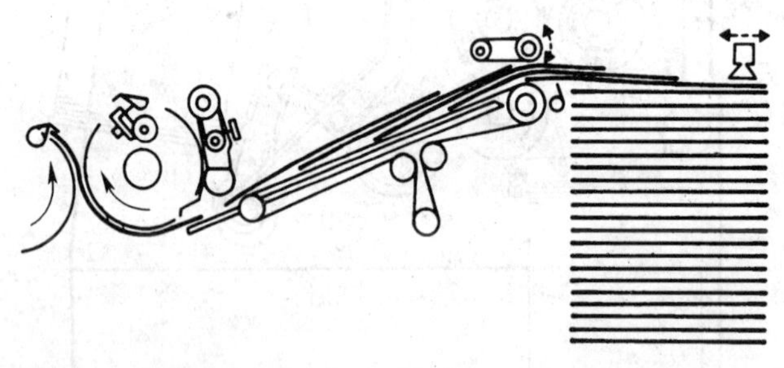

图 2—91　连续式输纸装置的工作原理

4. 普通润湿装置与酒精润湿装置在结构上有哪些不同？

第七节 裁 切

印刷得到的印品只是印制传单过程中的中间产品，还必须经过后加工才能成为最终的成品，这个后加工的过程称为印后加工。

和其他印刷品相比，单页传单的印后加工过程是最简单的，只需要进行裁切即可。

图 2—92 所示为一台手动切纸铡刀，这也是相对简单的切纸工具，这种切纸铡刀还可以用来裁切印版等印刷耗材。它的操作台板上标有刻度，可以进行相对较准确的裁切，但操作起来劳动强度大、效率低。切出的纸边光滑度也不是很好。

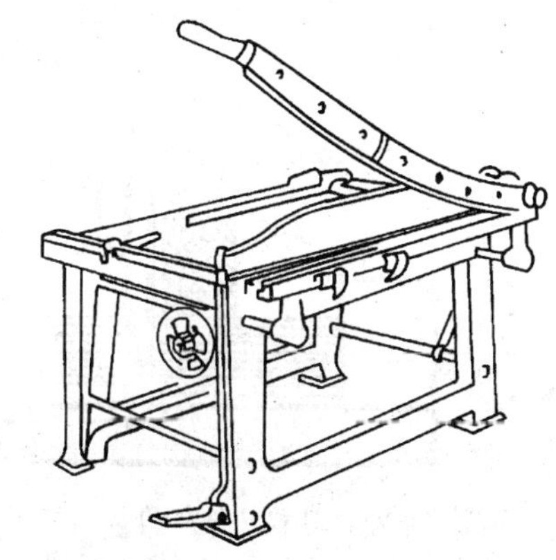

图 2—92 手动切纸铡刀

对于单色单页传单这种大批量印品的裁切，使用这种手动切纸铡刀显然是不合适的，实际操作中最常用的机器是自动切纸机，习惯上也称为切纸刀架，如图 2—93 所示。

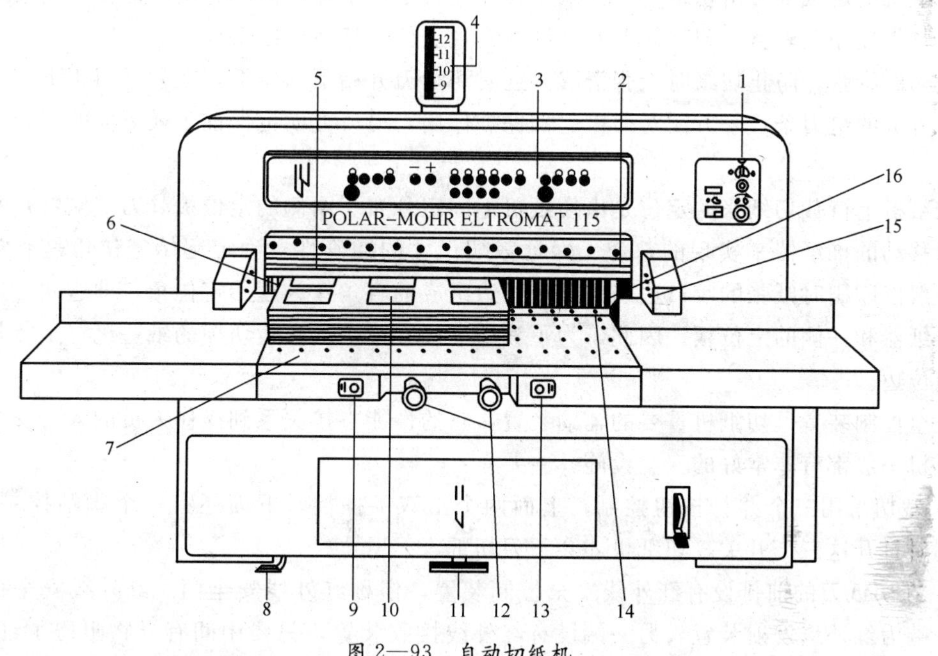

图 2—93 自动切纸机

1—电控开关 2—切纸刀 3—裁切尺寸控制面板 4—微调刻度显示 5—压纸千斤（压纸器） 6、16—闯纸角（定位角） 7—带有吹气孔的操作台面 8—气动控制踏板 9、13—手控切纸开关 10—待切样张 11—切纸操作踏板 12—推纸器控制杆 14—推纸器 15—红外线安全控制装置

自动切纸机的工作原理与手动切纸铡刀相同，但前者的精度和裁切质量更好。按照切纸

机各部分的功能可以将切纸机分成裁切、定位、辅助和动力传动四个部分。其中裁切和定位部分是切纸机的主要功能部分。图 2—94 所示为自动切纸机的切纸过程。图 2—95 所示为自动切纸机切纸部分的构成。

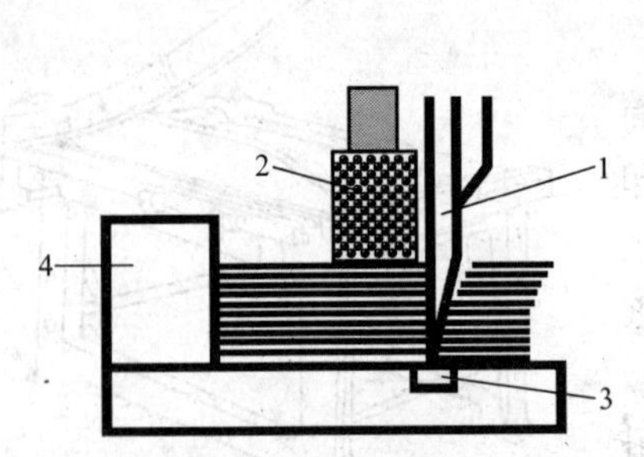

图 2—94 自动切纸机的切纸过程

1—切纸刀 2—压纸千斤 3—垫刀条 4—推纸器

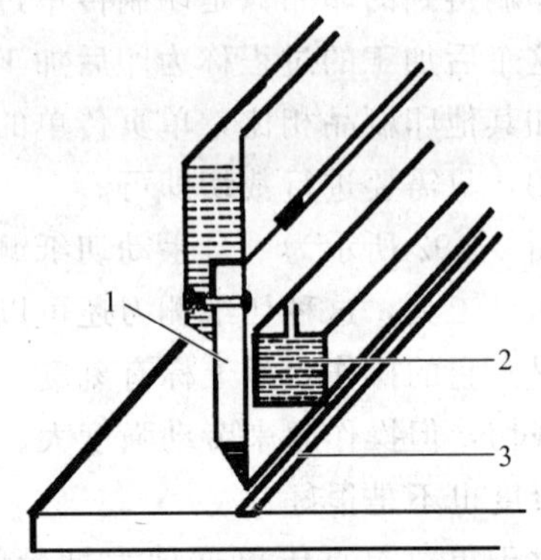

图 2—95 自动切纸机切纸部分的构成

1—切纸刀 2—压纸千斤 3—垫刀条

切纸机的切纸部分由切纸刀、压纸千斤和垫刀条三个部件组成。切纸操作时要裁切的纸张首先紧靠住相互垂直的刀架侧壁和推纸器实现定位，然后压纸千斤下压，以一定的压力压住要裁切的纸张，防止切纸时纸张滑移。这时切纸刀开始下移切纸，在切纸刀正下方设有一与刀口等宽的垫刀条，一方面对刀口起到保护作用，另一方面也保证了最下面的纸张被顺利切断。

切纸机上待裁切纸张的定位是由切纸机上固定分布于两侧的定位板（刀架侧壁）和可以作前后移动的推纸器来实现的。为了保证裁切尺寸的准确性，确定起始定位角是非常重要的。一般以印刷时纸张的咬口边与侧规定位边组成的直角作为起始定位角，即这两个边要紧靠住推纸器和一侧的定位板。因此，为了裁切准确，第一刀被裁切掉的纸边绝对不能是印刷时的定位边。

安全控制装置是切纸机重要的辅助装置，它的性能直接关系到操作人员的人身安全。自动切纸机一般都有非常好的安全设施，主要有：

1. 裁切采用三个并行按钮控制，上面两个由双手操控，下面还有一个脚踏控制开关，只有同时打开这三个开关，切纸机才会下刀切纸。

2. 在切纸刀的前排设有红外线安全控制装置，俗称红外线安全门。红外线安全控制装置的一端为红外线发射装置，另一端设有红外线接收装置，只要中间有异物阻碍了红外线，切纸机就不会下刀裁切。

思考练习题

1. 仔细观察一台切纸机的工作过程，回答下列问题：

(1) 切纸机上切纸刀的工作运动行程是怎样的？为什么？

(2) 切纸机的操作台面设置有很多滚球吹气孔，它们的主要作用是什么？

（3）切纸机在下刀切纸时，操作人员的手脚都应在什么位置？为什么要采用这样的多点并行开关设置？除了这些，切纸机还设置了哪些安全防护装置？

2. 印刷好的单页需要在切纸机上进行毛边裁切处理，为了保证所印刷单页的裁切精度，应该先裁切哪两个边？为什么？

3. 什么是印刷品在印刷加工中的定位角？在裁切时如何使用定位角才能保证裁切尺寸的准确？

第三章 彩色单页印刷品的复制

彩色印刷是用两种或两种以上的墨色复制图像或文字的印刷方式，最常见的就是四色印刷工艺，即采用黄、品红、青三原色油墨和黑墨通过叠印复制还原彩色图像的阶调与层次的印刷工艺。

第一节 彩色图像复制工艺概述

丰富多彩的图像在复制中必须转化为四个色版，即黄、品红、青和黑版，通过叠印的方式实现还原与再现。图 3—1（彩图 1）所示为彩色图像复制过程，图像色彩的复制与还原过程大致分为色彩的分解与合成两个阶段。

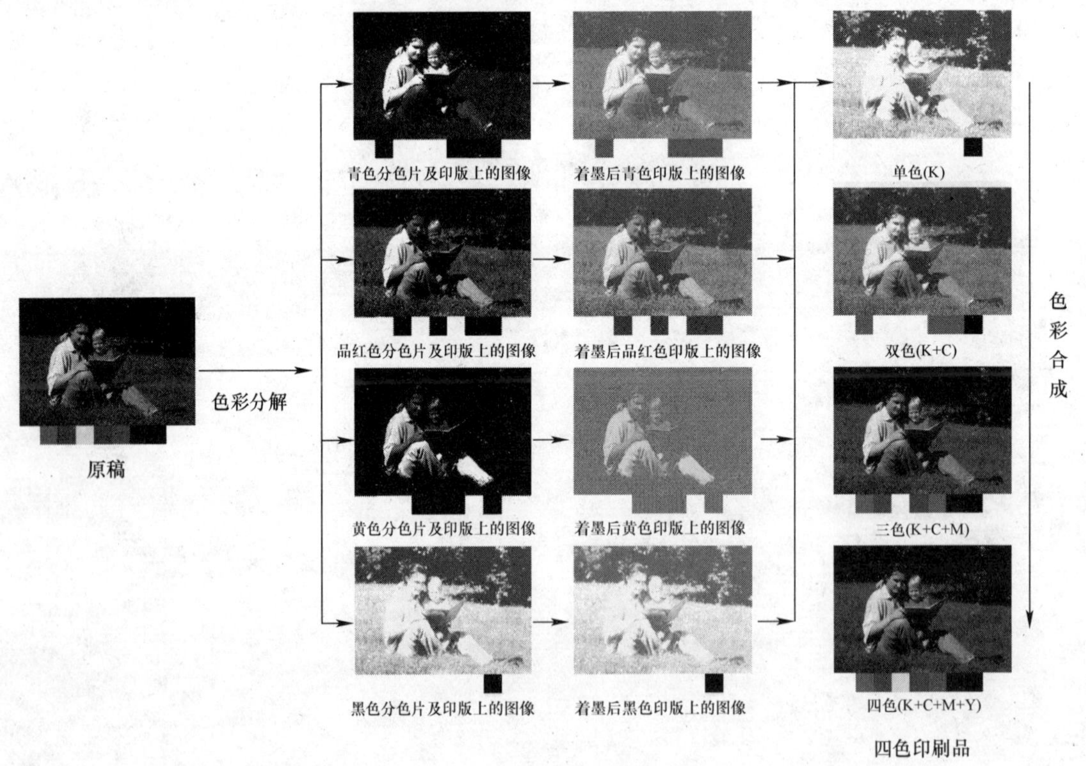

图 3—1 彩色图像复制过程

色彩的分解，也称为分色，在图像复制过程中的绝大多数阶段，图像色彩要素都是被分解的。通常的复制过程是首先对原稿图像进行扫描分色，将原稿丰富的色彩分解，最终形成黄、品红、青和黑四个色版。图像在计算机中处理的过程也是对这四个色版的电子数据进行调整处理的过程。这些数据会输出得到四块相应印刷版，再通过印刷机借助特定的油墨叠印还原得到与原稿色彩相对应的彩色印刷品。在印刷机上叠印得到彩色印刷品的过程是色彩合成的过程。这种由黄、品红、青、黑四色叠印得到彩色印刷品的复制还原工艺就是通常所说的四色印刷工艺。

黄、品红、青为色料三原色，即在色料中黄、品红、青三种色料以不同的比例混合可得到各种颜色，而其他色料却不可能合成这三种颜色。理论上，有这三种颜色即可实现色彩的还原与再现，还必须使用黑版，通过使用黑版可以解决下面的问题：

1. 彩色油墨存在一定的缺陷，三原色墨叠印后并不能形成完美的黑色，而是会有一定的偏色，画面的轮廓和暗调部分难以达到理想效果。

2. 在印刷过程中，版面上常有一定的黑色文字或线条，使用三原色套印会出现套印不准、字迹不清的问题。

3. 无黑版的印刷品，图像反差小，中间调与暗调层次还原差，图像显得“没有精神”。图 3—2 所示是有无黑版的印刷品对照效果，显然图 3—2b 的效果更好（见彩图 2）。

4. 通过三原色叠印深色需要大量的彩色油墨，会增加印刷成本。

a)

b)

图 3—2　有无黑版的印刷品对照效果

a）无黑版图像　b）有黑版图像

思考练习题

1. 什么是色料三原色？绘制色料三原色环。

2. 在四色印刷工艺中使用黑版的好处有哪些？

3. 图 3—3 所示是一个简单的颜色分解与印刷合成示意图（见彩图 3），请根据四色印刷原理绘出黄 Y、品红 M、青 C 和黑版 K 的分色图（将相应的部位填实）。

4. 图 3—4a 为一个玩具鸭的原稿图片，图 3—4b～图 3—4e 为分解得到的四个印刷版（见彩图 4），请依据原稿分别标示出黄、品红、青和黑版。

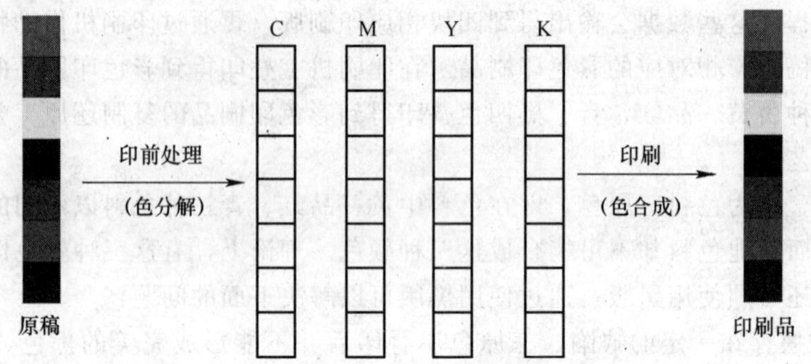

图 3—3 颜色分解与印刷合成示意图

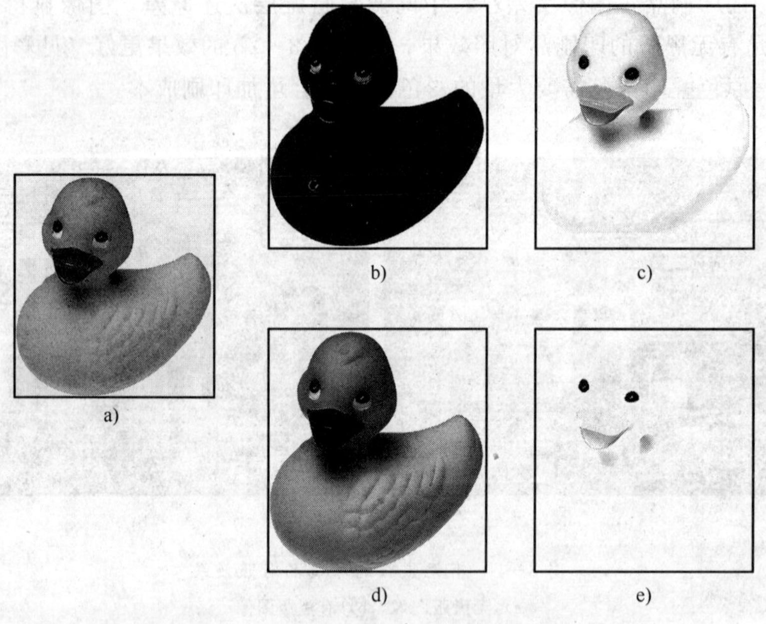

图 3—4 玩具鸭图像原稿及其分色版
a）原稿 b）、c）、d）、e）四色分色版

第二节 图像处理

一、图像复制工作流程

彩色图像的复制过程，实际上是彩色图像分解、处理、合成的过程。

二、图像处理的相关硬件和软件

印刷图像处理是指为满足印刷生产需要，依照客户要求和印刷工艺方法的技术特征，基于科学原理并借助技术手段，对采集到的图像信息进行转换，获得印版实体或印刷信息的过程。其中必要的技术手段即图像处理的必要硬件和软件。图像处理过程包括采集输入、处理和输出。扫描仪和数码相机是最常见的图像采集输入设备，数字化的图像在功能相对较强大的计算机（图文处理工作站）中借助专门的图像处理软件进行处理后，由打印机、激光照排机、数码打样机或者CTP直接制版机等设备输出得到样张、胶片或者印版。

图像处理流程及相关硬件如图3—5所示。

1. 扫描仪

扫描仪是图像处理的采集输入设备，它利用光电转换原理将光学图像转换为计算机能够

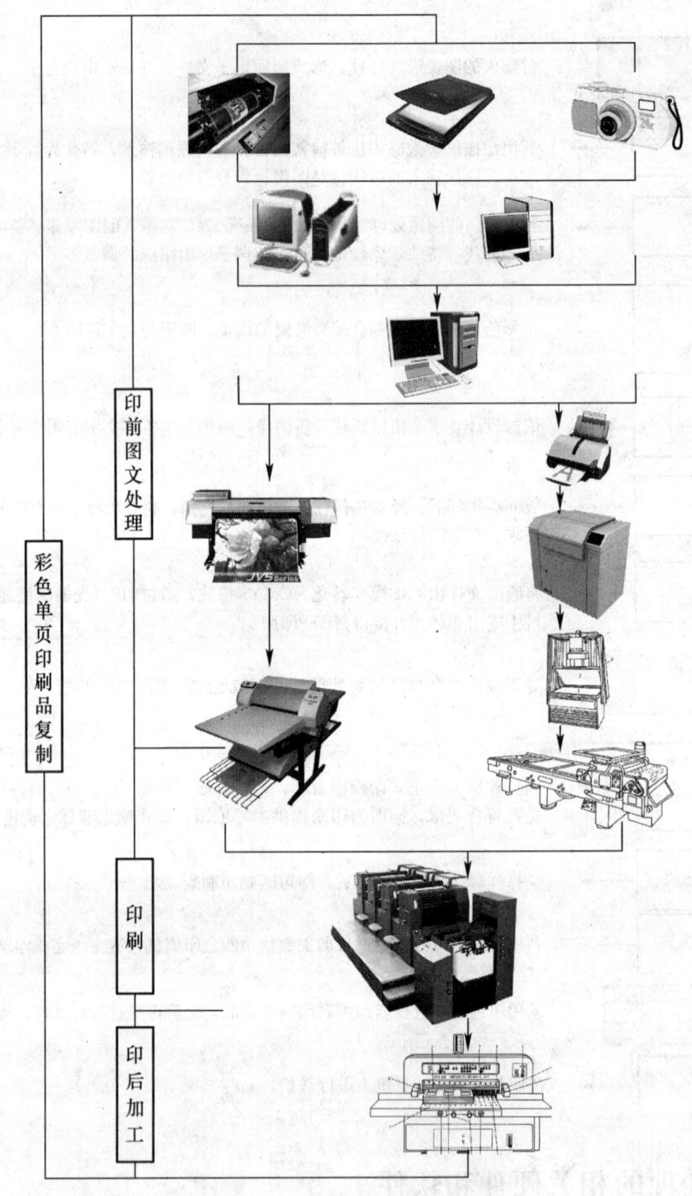

图 3—5 图像处理流程及相关硬件

识别并处理的数字图像。其本质就是将图像数字化，通过图像信息分解，形成 R、G、B 三原色通道或 Y、M、C、K 通道图像数字文件，进而在计算机中通过专门的图像处理软件进行处理。图 3—6 所示为扫描仪及其图像扫描设置界面。

（1）扫描仪的类型

扫描仪的类型比较多，但在印刷行业中常用的主要有滚筒式扫描仪和平台式扫描仪。

（2）扫描仪的主要性能参数

扫描仪的性能可以从扫描的原稿类别、扫描幅面、分辨率、密度范围、颜色深度、扫描速度、扫描软件的功能、输出格式等方面进行衡量。

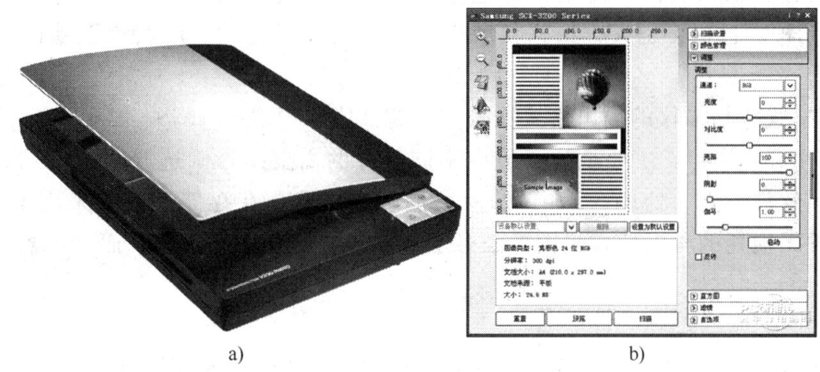

a)　　　　　　　　　　　　b)

图 3—6　扫描仪及其图像扫描设置界面

a）扫描仪　b）扫描设置界面

1）原稿类别。它是指扫描仪适用的原稿类别，如中高档的平台式扫描仪和滚筒式扫描仪通常可以对反射稿、透射稿进行扫描，而低档的平台式扫描仪往往只能对反射稿进行扫描。

2）扫描幅面。它是指扫描仪能扫描原稿的最大幅面。

3）分辨率。扫描仪的分辨率有光分辨率和插值分辨率两种。

光分辨率是指扫描仪在单位长度内能够分辨的图像像素的点数，这是扫描仪自身的分辨率。插值分辨率是指以光分辨率为基础，通过扫描仪的驱动软件插值计算而得到的一个分辨率。光分辨率越高，对图像阶调层次的描绘越细致，图像的清晰度越高。插值分辨率其实是光分辨率的衍生物，它只是增加图像的像素，对于图像的清晰度并无影响。分辨率的单位是 dpi（dot per inch），表示每英寸上有多少个像素点。

一般情况下，像素量越大，对图像的描述也越精细，对图像的复制色调还原更为有利，但也不是无限量地追求高像素。因为高像素对计算机的要求高，减缓了计算机的运行速度，不利于提高生产效率，通常以目标图像原大的 1.5～2.0 倍为宜。扫描图像的分辨率计算公式如下：

分辨率(dpi)＝网点线数×缩放倍率×系数(1.5～2.0)

例如，将一张照片缩小 50%，并准备用 120 线/in 进行印刷，根据上面的公式可求得分辨率选取在 90～120 dpi 之间。

4）密度范围。它是指扫描仪能够识读与传递的最大密度范围。低档的平台式扫描仪能识别的密度范围一般在 2.0～2.5，中档的一般为 3.0～3.4，高档的为 3.8～4.2。铜版纸印刷品的最高密度大约为 1.9，负片最高密度大约为 2.8，拷贝正片最高密度大约为 3.0，反转正片最高密度大约为 4.0，甚至高达 4.4。为保证原稿的阶调层次不丢失，扫描仪应具有适当的密度范围。

5）颜色深度。它包含两方面的内容：一是位深度，是指扫描仪可以获得的最大灰梯度级数。位深度越大，扫描仪获得的灰梯度级数越多。例如，一个 1 位的扫描仪，它所能获取的灰梯级数是 $2^1=2$ 级；一个 8 位的灰梯度扫描仪，它能够得到的灰梯级数是 $2^8=256$ 级。二是色深度，是指扫描仪能获得的最大的色彩数量。通常色深度有 24 位、30 位、36 位、42 位、48 位等几种。色深度越大，扫描仪获得的色彩信息量越大，所获得图像的阶调层次越丰富。

6）输出格式。扫描仪的输出格式比较多，如 TIFF、EPS、DCS、SCITEX CT、JPEG、YCC（柯达 Photo CDs），主要是为了适应不同软件的需要。正确选取输出格式，才能使图像信息被编辑软件识别、处理。TIFF 是采用最多的格式，在存储过程中采用 LZW 压缩方式，这是一种无损耗的压缩形式，图像细微层次在存储过程中不丢失，而且可被不同的软件兼容。

2. 数码相机

数码相机不需要胶片，而是使用光敏栅格接收通过镜头的图像光线，产生数字化图像信息，通常以像素表示其分辨率。它们能被计算机直接使用，其工作原理如图 3—7 所示。

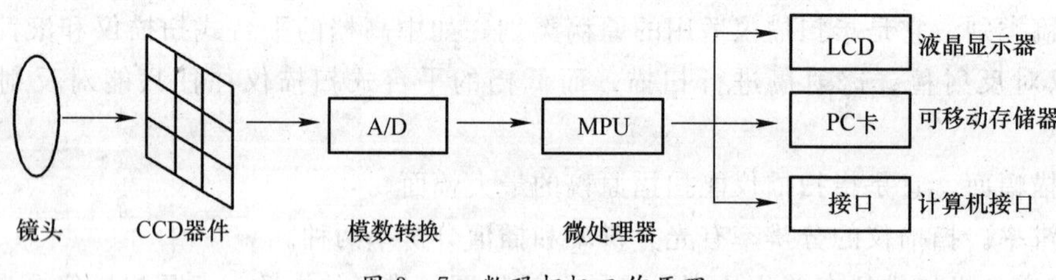

图 3—7　数码相机工作原理

数码相机一般是采用 CCD（电荷耦合）和 CMOS（互补金属氧化物半导体）两种摄像感应器，利用红、绿、蓝三种颜色的滤色片对图像进行分色，从而得到 RGB（红、绿、蓝）三色图像。

数码相机与扫描仪一样受到分辨率、颜色深度的影响，数码相机的分辨率取决于 CCD 或 CMOS 影像感应器的分辨率，它是指单位长度内影像感应器能够拍摄到的影像的水平方向和垂直方向的像素值。由于数码相机影像感应器的分辨率比较低，因而，对相机镜头的光学分辨率要求也比较低。

数码相机颜色位数取决于它的模数转换（A/D）部件，一般有 16 位、24 位和 32 位，24 位的颜色位数与人眼能清楚分辨的色位大致相同，故也称为真彩色。

3. 打印机

图文信息处理之后形成的电子文档，在正式输出或直接制版之前，常常要利用打印机对它进行打印。打印机主要有喷墨打印机和激光打印机两种。

（1）喷墨打印机

喷墨打印机是采用专用的喷墨头，将墨滴喷洒在打印介质上，形成所需的图像，如图 3—8 所示。喷墨头与打印介质不直接接触，属于无压力的打印。

（2）激光打印机

激光打印机是利用激光点控制旋转的硒鼓中的色粉，按图文信息在硒鼓上显示要打印的图像，在外加电压的作用下，墨粉带负电荷，纸托带正电荷，同时墨粉经压墨辊加热至

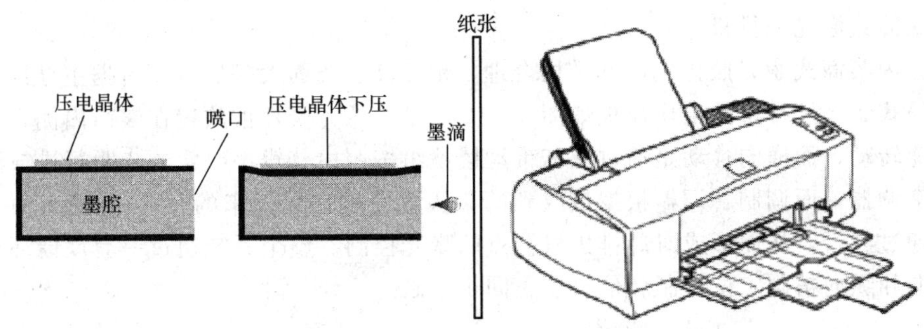

图 3—8 喷墨打印机及其工作原理

160℃左右，带负电荷的墨粉在正电荷的吸引下飞向打印的纸张，完成打印。图 3—9 所示为激光打印机的工作原理，纸张在激光打印机中的行程如图 3—10 所示。

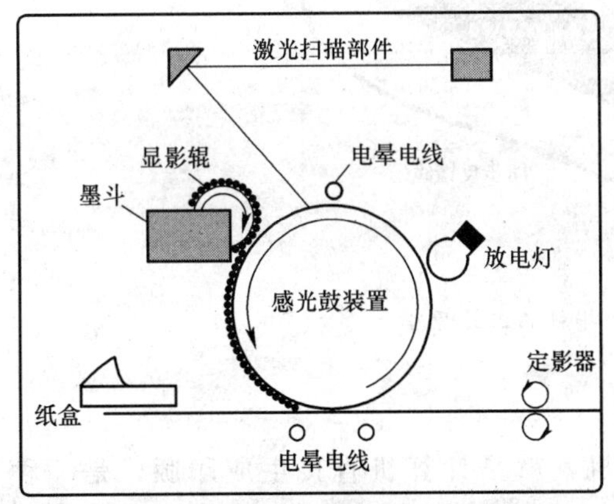

图 3—9 激光打印机的工作原理

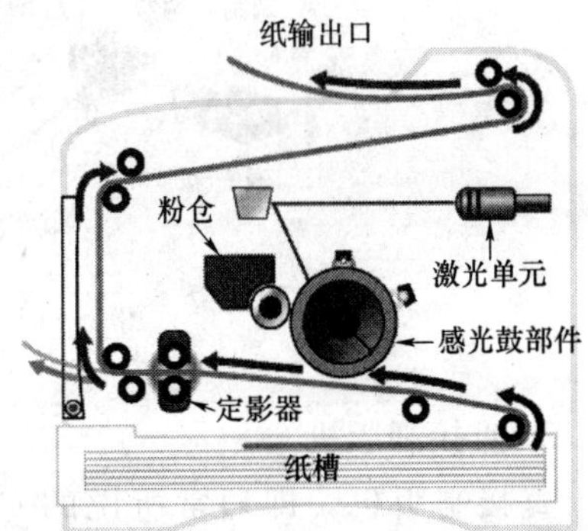

图 3—10 纸张在激光打印机中的行程

4. 激光照排机

激光照排机是一种高精度、高分辨率的胶片成像设备，它最主要的用途是产生高分辨率和高阶调（即灰度级）的各种专业网点形状的调幅加网输出。照排机按照结构可以分为两大类，也就是绞盘式和滚筒式，而滚筒式又分为内滚筒式和外滚筒式（传统电分机输出部分都是这种结构形式）两种。

（1）绞盘式激光照排机

绞盘式激光照排机的工作原理如图 3—11 所示。绞盘式激光照排机在运转中，利用绞盘传动，感光胶片从供片盒输出到成像区，并曝光成像，再分别经显影、定影、水洗、烘干等一系列过程。期间，由于绞盘的拉力和传动辊间压力的作用，使软片存在一定变形，对于图文的成像尺寸产生一定影响，但是由于它的输出速度比较快，同时在各生产商的不断努力下，软片的变形得到有效的控制，使绞盘式激光照排机得到广泛应用。

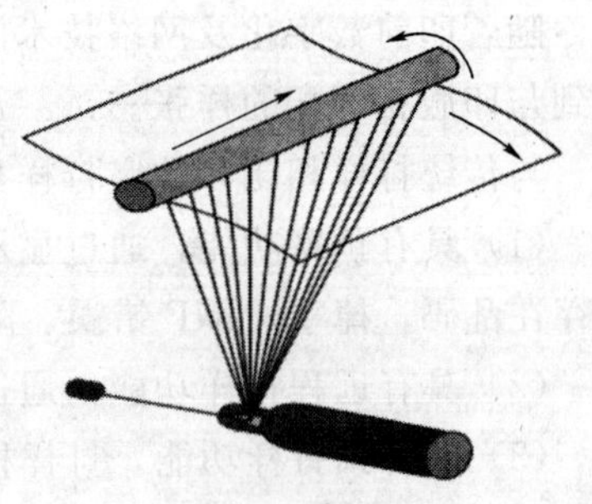

图 3—11 绞盘式激光照排机的工作原理

（2）滚筒式激光照排机

目前，内滚筒式激光照排机以其结构合理、精度高、幅面大等优点而占据主导地位。

内滚筒式激光照排机的工作原理如图 3—12 所示。感光胶片被放置在滚筒内侧，并随滚筒一起高速转动，而横向移动是通过丝杠带动棱镜组按照由分辨率决定的步距行进。激光源通过调制解调器，而调制解调器根据接收到的、从 RIP 输出端发来的 0、1 光栅版面信息控制激光的通过与否，从而形成对照排机机器点的曝光控制。整个系统通过一套反馈环节来实现页面横向和纵向精确定位控制和信息发送同步控制。

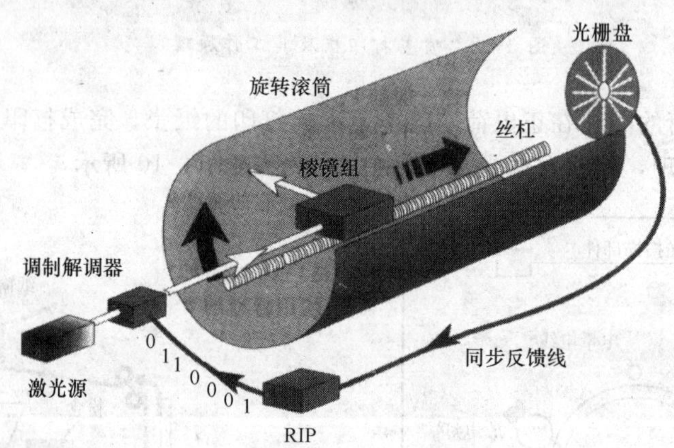

图 3—12　内滚筒式激光照排机的工作原理

5. 直接制版机

直接制版机，即通常所说的 CTP 直接制版机，就是计算机直接生成印版，是一种数字化印版成像过程，其结构和工作原理与激光照排机类似。该制版设备由计算机直接控制，用激光扫描成像，再通过显影、定影生成直接可上机印刷的印版。计算机直接制版采用数字化工作流程，直接将文字、图像转变为数字信息，直接生成印版，省去了胶片输出、人工拼版、半自动或全自动晒版等工序，制版效率与质量明显提升，所得到的印版还是在原先的传统印刷机上使用，同时 CTP 版可以很好地再现调频网点。

6. 数字打样机

随着印前数字化及网络技术的发展，数字打样能够精确模拟印刷品的色彩和层次，从而得到与印版相匹配的样张。

与传统打样相比，数字打样具有以下优点：

（1）具有预览功能，通过显示器对版面进行预览，可检查版面是否被镜像，以及文字是否存在乱码、掉字、RIP 错误、陷印错误、字体方向错误等。

（2）具有远程打样功能，通过网络可实现远程打样。

（3）具有预打样功能，打样样张与菲林输出分开进行，一般数字打样出样张后，经检查确认无差错才输出菲林或印版，有效减少了浪费。

（4）数字打样可通过软件调节，即所谓的色彩管理，使样张的色彩与印刷色彩标准匹配。

(5) 生产周期短。

7. 图像处理相关软件

在图像处理中，仅有硬件无法完成工作，只有与匹配的软件配合，才能完成对原稿的图像、图形、文字等的处理，最终得到符合要求的原版或印版。

(1) 彩色图形编辑软件

彩色图形编辑软件主要用于图形处理。图形也称为矢量图，它是由直线、曲线、圆、圆弧、多边形等元素的位置、维数、大小、形状等属性构成的图像形状。目前较流行的图形编辑软件有：

1) Adobe Illustrator。具有文字输入和图标、标题字、字图以及各种图表设计制作和编辑等优越功能，是印刷行业最常用的图形处理软件。

2) Aldus Freehand。美国 Aldus 公司推出的一个应用广泛的计算机图形设计软件，特别是在报纸和杂志的广告制作以及统计图形的制作方面深受欢迎。

3) CorelDRAW。由 Corel 公司推出的一个绘画功能很强大的软件，兼有图形绘画、图像处理、表格制作等功能。

(2) 彩色图像编辑软件

彩色图像编辑软件主要用来编辑图像。数字图像主要有位图图像和点阵图像两种。最有影响力的图像编辑软件非 Adobe Photoshop 莫属，它由美国 Adobe 公司发展推出，作为面向美术创意与专业印刷领域的图像处理软件，主要用于黑白与彩色图像校正、修版、图像特技制作与分色等处理，并很方便地实现了对图像进行颜色校正、层次调整、清晰度调节等编辑处理。

(3) 页面排版软件

页面排版软件主要用于对文字、图形、图像的编辑排版处理。目前较为流行的页面排版软件有：

1) 方正维思 (Wits) 和方正飞腾 (Fit) 排版软件。方正维思适用于书刊、杂志、广告设计等中文印刷出版行业的彩色排版。方正飞腾是一个功能强大并且极具潜力的集成排版系统，在印刷行业使用较多。

2) PageMaker。这是由美国 Aldus 公司推出的，PageMaker 是最普及的桌面出版用排版软件，功能较全，开发得比较早，处理相容性强，图文组合灵活。

三、阶调

图像的阶调与层次往往密不可分，图像的阶调是指图像颜色从最亮到最暗的变化，或者说是密度由小至大的变化。而层次则是指图像颜色从最亮到最暗的变化过程。有一个比较恰当的比喻，如果图像的阶调是一栋大楼的楼层，层次则是楼层之间的台阶。

阶调复制还原是保证印刷品质量的关键环节，也是评价产品质量的重要标志之一。一般情况下将图像分为以下五个阶调范围。

1. 极光点

极光点是指图像中最亮的部位，也称为图像的白场，在印刷品中指绝网部位。

2. 高光

高光通常是指图像的光亮部位，在印刷品中是指网点大小小于10%的部位。

3. 高调

高调是指图像受光而且较为明亮的部位，在印刷品中网点大小在10%～30%之间。

4. 中间调

中间调是指图像中明暗相交的部位，在印刷品中网点大小在40%～60%之间，即50%左右的部位。

5. 暗调

暗调是指图像中较暗的部位，在印刷品中网点大小在80%～100%之间。

四、网点与加网技术

在连续调的图像中，以密度值的大小对阶调进行描述，其层次是连续的、不间断的，故称为连续调。在复制品中，则以网点大小或网点的面积覆盖率对阶调进行描述，是以间断的、不连续的网点来表示图像的层次变化，故称为半色调。

网点是指构成印刷品图像的最基本印刷单元，也就是说，印刷品图像丰富的色彩与层次都是通过网点来表现的，如图3—13所示。目前使用的网点类型主要有调幅网点（AM）和调频网点（FM）两种。

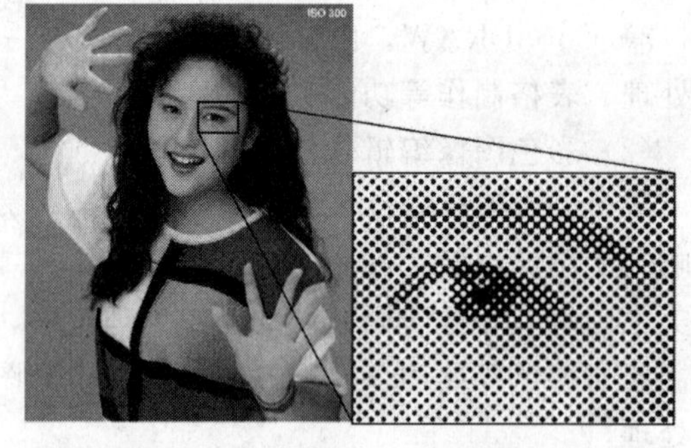

图3—13　印刷品图像的网点

印刷中网点起着相当重要的作用，网点可以传递图像的阶调、层次、色彩的变化。任何反射稿或透射稿，均以颜料颗粒或银粒分布的密度构成连续性晕染的色调。这种晕染的色调、层次必须借助照相或其他方法，将图像剖解分割为大大小小的网点表现出来。

1. 调幅网点与调频网点

调幅网点（AM）是传统印刷最常用的网点，其特点主要表现为单位面积内网点的数目不变，且相邻网点之间的中心距一致，而网点的大小不同，通过网点大小的变化表现颜色的深浅。

调频加网是一种新型的加网技术，它随着CTP直接制版技术的普及而得到了广泛使用。调频网点（FM）的特点是网点的大小确定，而相邻网点之间的距离不同，即网点出现的频率不同，通过网点的堆积表现图像颜色的深浅。图3—14所示为两种网点所表现的图像比较。

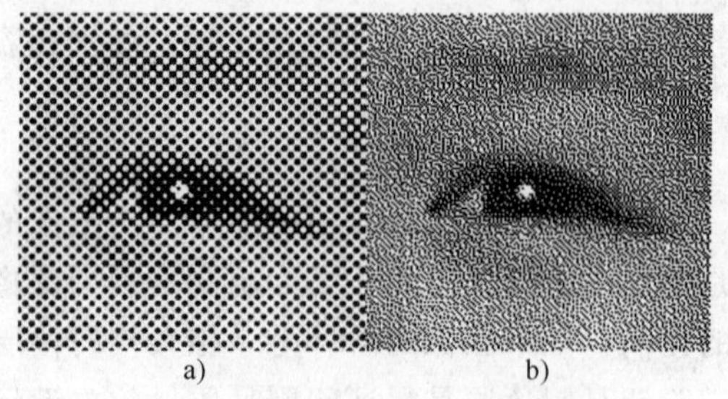

a)　　b)

图3—14　调幅网点与调频网点所表现的图像比较

a）调幅网点　b）调频网点

2. 调幅网点的基本特性

调幅网点的基本特性可以概括为调幅网点的四个参数，即网点线数、网点大小、网点角度和网点形状。

（1）网点线数

在网点排列方向上，单位长度内网点的个数称为网点线数，其单位为线/厘米（L/cm）或线/英寸（L/in）。网点线数与所表现的图像的分辨率和清晰度紧密相关。网点线数越大，单位长度的网点越多，表现图像的基本单元越细，图像的细微层次越丰富。图 3—15 所示为不同网点线数的图像效果。

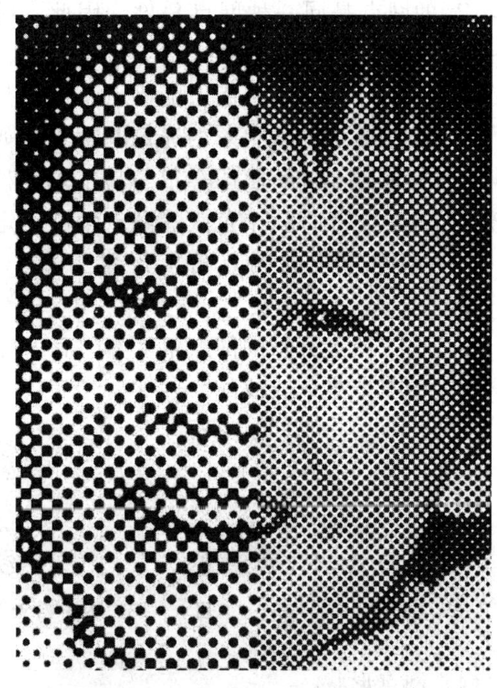

图 3—15　不同网点线数的图像效果

印刷网点线数设定的依据主要考虑三个方面的因素：观察（阅读）的距离、纸张表现力（纸张质量）和印刷质量要求。距离越远、纸张质量越差、印刷质量要求越低，则网点线数越小。彩色单页印刷品使用铜版纸，需要近距离阅读，所以设定网点线数以 150～175 L/in 为宜。常见印刷品的网点线数见表 3—1。

表 3—1　　常见印刷品的网点线数

单位	报纸	书刊杂志		
		精细产品		一般产品
L/in	133	175	200	150
L/cm	54	70	80	60

（2）网点大小

网点大小以网点面积覆盖率表示，它表示网点面积占网点单元面积的百分比，常用“%”或“成数”表示，例如单位面积中网点面积覆盖率为 50%，即称为 5 成点；网点面积占 10%，即称为 1 成点。网点大小不同表现的颜色深浅也不同，如图 3—16 所示。

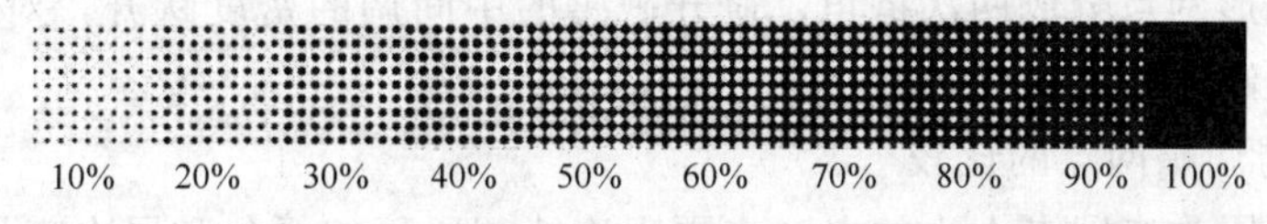

图 3—16　网点大小与颜色深浅

（3）网点角度

网点角度是指网点排列方向与基准线的夹角，如图 3—17 所示。任何一个网点与其角度加 90°后的网点是同一种网点角度，因此，网点角度一般在 0°～90°范围内选取。

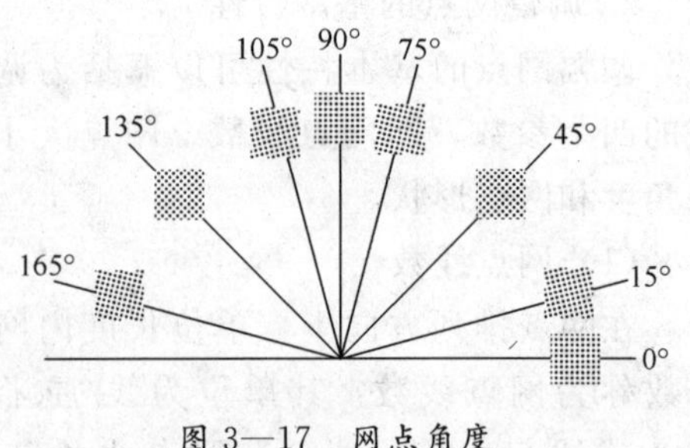

图 3—17　网点角度

四色印刷中，一个色版上的网点角度都是统一的。由于需要叠印完成色彩的还原与再现，如果两种网点角度差很小的版叠印会很容易出现一种叠印故障——龟纹，所以四个色版的网点角度一定要错开。通常四个色版的网点角度设置为 0°（90°）、15°、45°、75°。

图 3—18 所示为不同网点角度叠印后出现的纹路示意图，当网点的角度差变小时纹路明显增强，直至产生龟纹故障。

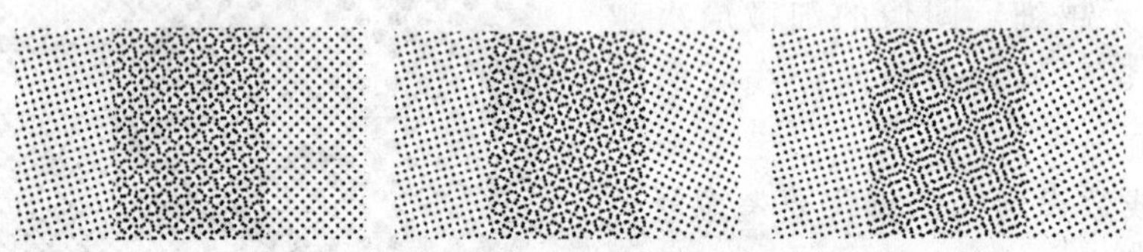
图 3—18　不同网点角度叠印后出现的纹路

（4）网点形状

网点形状即网点的几何形状，常用网点形状有方形、圆形、椭圆形、链形等，其中最常用的是方形和圆形网点，如图 3—19 所示。此外，还有一些特殊形状的网点，在原稿复制中可达到特殊的效果。

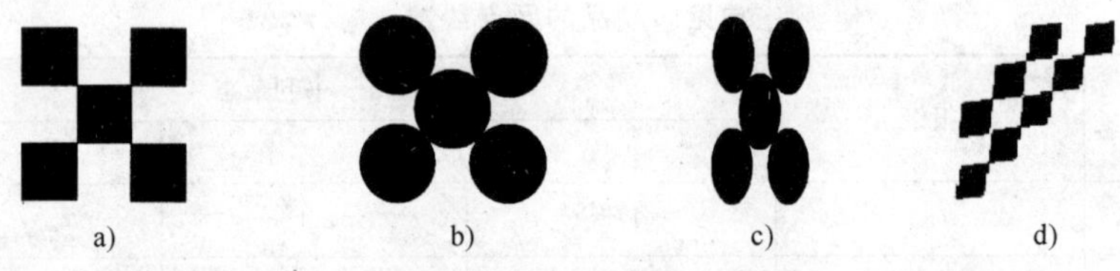

图 3—19　网点形状

a）方形网点　b）圆形网点　c）椭圆形网点　d）链形网点

网点在由小到大的过程中，网点的距离越来越小，直至搭接，造成印刷品密度突然跃升，表现为原稿密度的连续性遭到破坏，中间调层次损失。其中方形网点在 50%处开始搭角，圆形网点在 70%处开始搭角，链形网点在 40%和 60%处搭角，椭圆形网点与链形网点大致相似。由于链形网点分成两次搭角，避开敏感的中间调的密度跃升，对于图像反差小、阶调柔和的图像复制有较大的优越性。

3. 调频网点与调幅网点的比较

常规加网技术用改变网点大小的方法来再现连续调原稿的颜色和层次变化，改变网点大小类似于无线电技术中的幅度调制，因此，调频加网技术出现后人们将常规加网技术产生的网点称为调幅网点。调频加网技术与调幅加网技术的不同在于，调频加网技术不是通过改变网点大小的方法，而是由计算机按数字图像的像素值产生大小相同的点，这些点的最小直径可与设备的记录精度相等。

调频网点与调幅网点相比较具有很多优点，主要表现在：

（1）消除龟纹的产生

采用调幅加网技术，规则、有序排列的网点和网点的单一化，必然产生网线角度，在套印过程中不可避免地产生龟纹。而调频加网技术，网点出现的概率是随机的，网点排列是无规律的，不再有规则的空间网点结构，消除了由于图像本身某些规则条纹与加网网屏发生干涉而产生龟纹的可能性。

（2）提高色彩复制能力

由于调频网点分布不规则，不存在网线角度问题，因此可采用青、品红、黄、黑以外的颜色来扩大色域范围，增加专色油墨印刷，实现高保真（HiFi）色彩印刷，使印刷品和原稿的色彩差别减小，提高色彩的复制能力。

（3）印刷品分辨率和清晰度更高

在调幅加网技术中，网点线数决定清晰度，网点线数越高，输出的网点面积越小，清晰度越高。但通常网点线数过大，复制技术难度较大，所以调幅加网技术产生的输出图像都要做细微层次强调，即USM。由于调频加网采用的网点面积特别小，图像复制清晰度高，复制效果接近连续调的摄影稿，特别是亮调和暗调部位的细微层次得到了很好的再现。

五、图文合一与版面编排

图文合一是指版面的图像和文字、线条一同编排，因为图像是位图文件，在版面中以点阵状态出现，而文字、线条则以矢量或曲线状态表现。如文字、线条用位图形式表现，则它的边缘会出现锯齿形状，尤其是大号文字、粗线条，其锯齿形状更为明显，版面的美观程度大打折扣。

图文合一决定了版面在编排过程中必须对位图、矢量和曲线具有兼容性能，能够对图像和文字、线条进行编排，并顺利完成印刷过程。

思考练习题

1. 利用扫描仪对原稿进行扫描。

（1）对透射稿进行扫描。

要求：放大3倍并用于150 L/in印刷。

原稿：____________（透射稿）

放大倍率：__________（%）

分辨率：______________（dpi）

存储格式：____________________

（2）对反射稿进行扫描。

要求：原大并用于200 L/in印刷。

原稿：______________（反射稿）

放大倍率：__________（%）

分辨率：______________（dpi）

存储格式：______________

2. 对照图 3—5 说明图像处理流程，并指出图中各硬件的名称和作用。

3. 对照图 3—18 判断各网点的角度，指出网点角度与龟纹产生的关系。

4. 在传统印刷工艺中，网点大小、网点线数分别与图像的什么特性紧密相关？

第三节　晒版与打样

一、多色印刷中的套印

在传统印刷复制工艺中（即 CTF 印刷工艺），通常先用胶片晒制印版，然后再通过印刷机将印版图文部分经橡皮布传递到印刷品上。在这一过程中，制版的精度决定了套印的精度与印刷机套印时的难易程度，这就需要晒版胶片、印版和印刷机都要使用统一的打孔定位系统。图 3—20 所示为与印刷机配套的胶片和印版打孔机。

在印刷中，为了保证印版之间的套印准确，还设有角线、规矩线、定位角标等套印规矩线。图 3—21 所示为印版上的规矩线、角线。套印规矩线的形式多样，传统的套印规矩线为十字线，图 3—22 所示为各类套印规矩线。

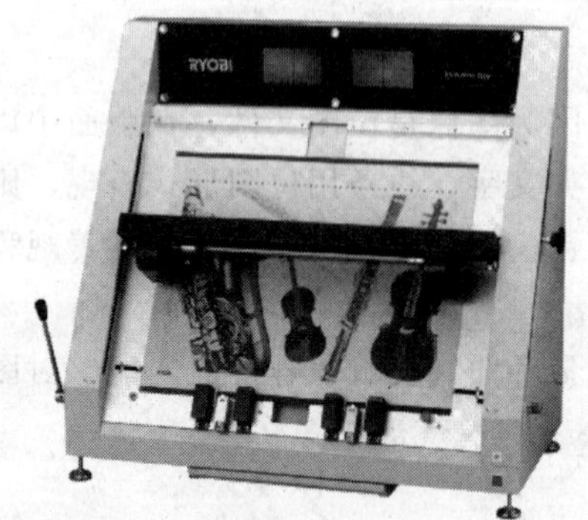

图 3—20　与印刷机配套的胶片和印版打孔机

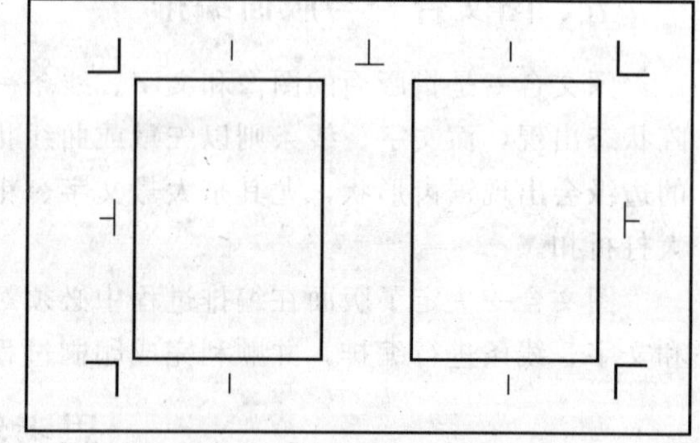

图 3—21　印版上的规矩线、角线

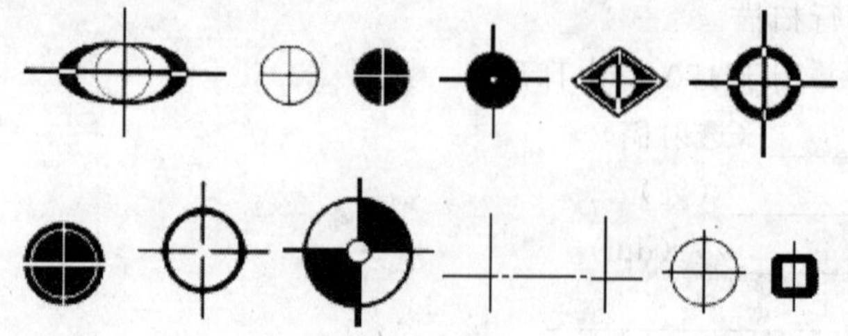

图 3—22　各类套印规矩线

传统的十字套印规矩线往往不能精确反映每两个色版之间的套印情况，对于套印精度要求高的产品来说很难胜任，就需要使用新型的套印规尺。图 3—23 所示为比较有代表性的一种精确套印规尺，用于评价试机版产品的印刷套准控制。

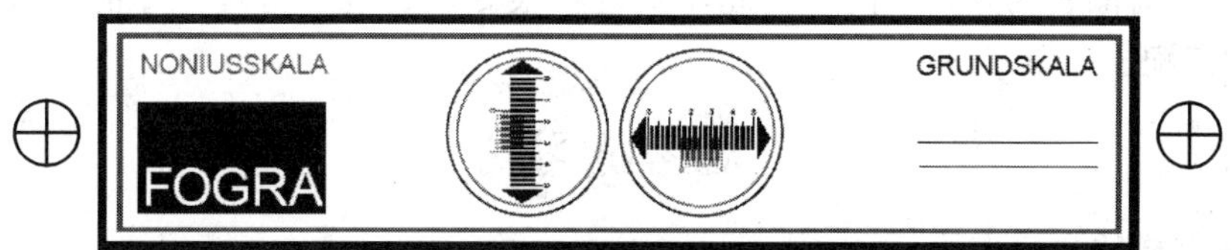

图 3—23 用于精确套印的 Nonius 套印规尺

二、打样技术与设备

在进行印刷之前，一般要经过打样。打样的主要作用：第一，对原版的质量进行检查。它可以检验原版对原稿图文阶调层次和色彩再现是否达到要求，规格尺寸、文字、版式等是否正确。第二，为正式印刷提供样张或印刷的基本数据。在打样过程中，可模拟印刷的条件，取得可供印刷参考的样张，同时也为印刷提供参考数据。打样分为传统打样和数字打样。

1. 传统打样

传统打样一般采用机械打样，不同类型印刷的打样也不尽相同，平版印刷采用胶印打样机打样，模拟正式印刷的条件，如相同的纸张、油墨、印刷方式等，打样得到的样张与原稿、设计要求进行校对，为下面的印刷提供依据。图 3—24 所示为胶印平台式机械打样机。

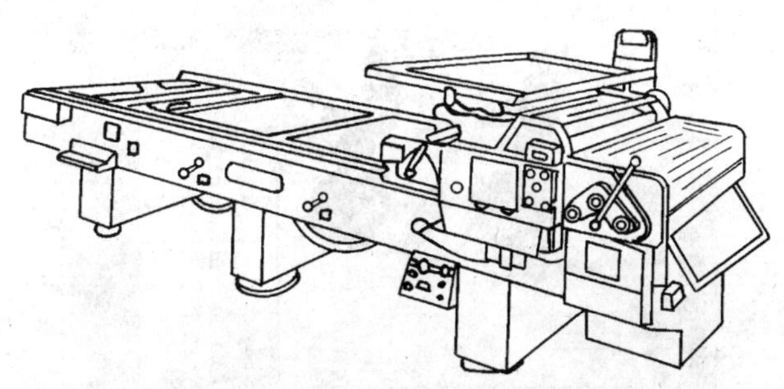

图 3—24 胶印平台式机械打样机

2. 数字打样

数字打样机能够精确模拟印刷品的色彩和效果，在专用程序控制下完成打样工作，其成像方式主要有静电成像和喷墨成像两种，数字喷墨打样机如图 3—25 所示。

图 3—25 数字喷墨打样机

数字打样的一般工艺流程：测试环境和调试→启动数字打样机→建立数字打样机连接方式→建立数字打样机驱动程序→打样页面设置→确定合适的实地密度→调整灰平衡和阶调→调入匹配的色彩文件→调入色彩校正曲线和网点补偿→根据印刷工艺条件精确校正→打样。从这个工艺流程可以看出，在色彩的管理和材料的模拟上，数字打样的优势十分明显。然而，由于数字打样机一般配有 RGB+CMYK 七个墨盒，图像的表现方式与

CMYK 的印刷图像表现方式不同，因此需要进行很专业的色彩管理，才能实现打样色彩与印刷色彩的匹配。

思考练习题

1. 简述打样的主要作用。
2. 数字打样样张的色彩与普通四色印刷样张相比，哪个样张的色彩会更丰富？为什么？
3. 为了保证印刷出的产品套印准确，从制版环节开始需要特别注意哪些方面？

第四节　彩色胶印

一、多色胶印机的分类

胶印机按色数可分为单色胶印机、双色胶印机、四色胶印机、五色胶印机、六色胶印机、七色胶印机和八色胶印机；按印刷纸张形式可分为单张纸胶印机、卷筒纸胶印机。

单色胶印机是指印刷机中只有一个印刷机组，一个走纸过程只能完成一个颜色的印刷；双色胶印机有两个印刷机组，一个走纸过程能完成两个颜色的印刷。以此类推，分别有四色胶印机、五色胶印机、六色胶印机、七色胶印机、八色胶印机。图 3—26 所示为双色胶印机示意图。

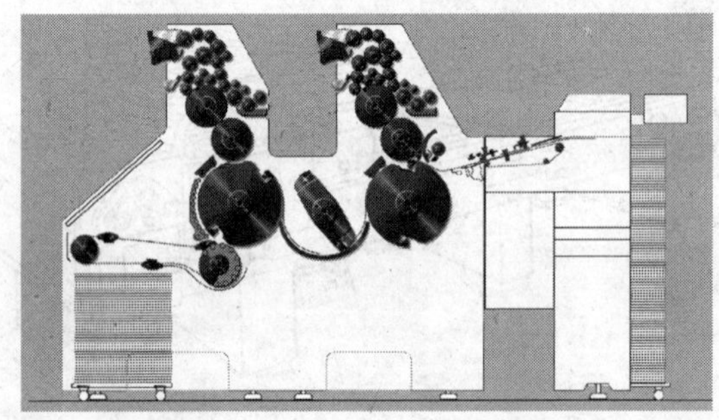

图 3—26　双色胶印机示意图

单张纸胶印机是指采用单张纸作为印刷用纸的胶印机，按印刷幅面可分为 8 开胶印机、4 开胶印机、对开胶印机和全张胶印机。

卷筒纸胶印机是指采用卷筒纸作为印刷用纸的胶印机，同样按印刷幅面可分为对开卷筒纸胶印机、全张卷筒纸胶印机，如图 3—27 所示。

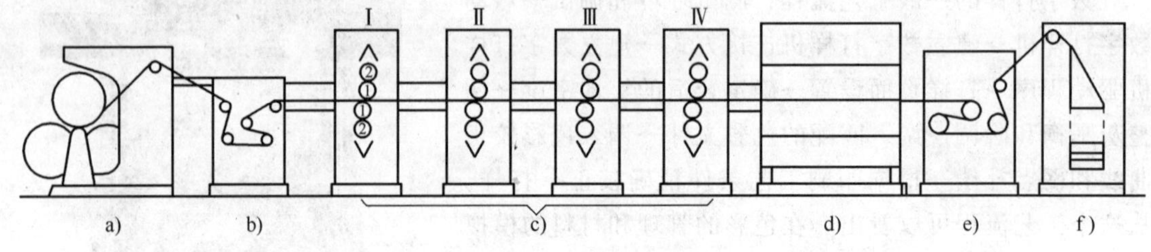

图 3—27　卷筒纸胶印机

a）给料部分　b）存纸部分　c）印刷部分　d）干燥部分　e）冷却部分　f）折页裁切部分

二、印刷过程中网点的转移与印刷质量

在印刷过程中，印版的网点经橡皮滚筒转移到印刷品上。图 3—28 所示为网点由胶片到印刷品的一个传递过程（见彩图 5）。

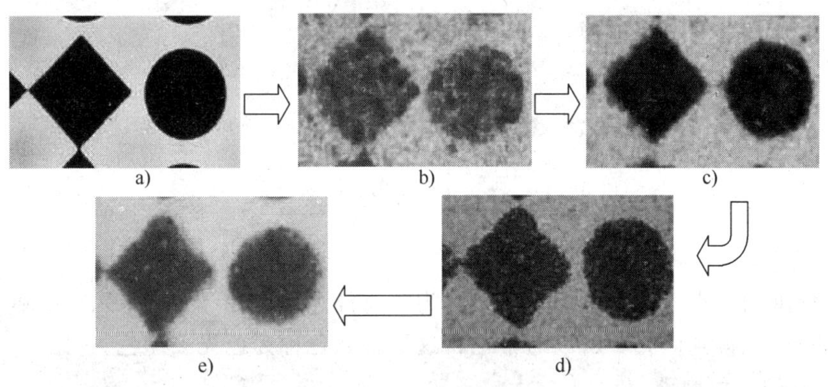

图 3—28　网点在印刷过程中的传递

a）胶片上的网点　b）印版上的网点　c）印版上吸附油墨后的网点　d）橡皮布上的网点　e）纸张上的网点

在理想状态下，网点的转移是一一对应的，如图 3—29 所示，实际情况并非如此，在印刷压力的作用下，油墨向网点的四周扩散，印版与橡皮布之间、橡皮布与承印物之间产生滑移和形变，造成网点不可避免地扩大；在网点边缘的白纸处有部分光被网点油墨吸收导致网点边缘视觉光晕现象，产生视觉扩大。在相同的网线条件下，网点边缘长度越大，网点的扩大率越大。

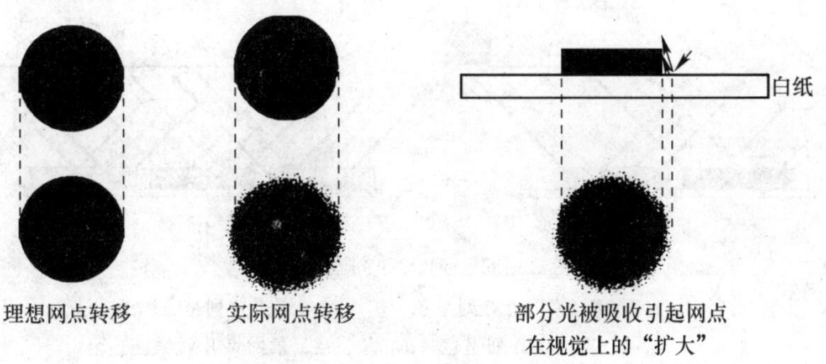

图 3—29　网点扩大

因此，要想完全地消除网点扩大是不可能的，只能在规定网点百分比的色块上测试，并进行有效的控制。通常采用的方法是在高光部位查看小网点是否丢失，暗调的小白点是否被“糊死”。

三、印刷色彩还原

印刷的主要特征是借助网点，利用色料三原色黄（Y）、品红（M）、青（C）三色版和黑版（B）进行四色套印，通过叠印产生千变万化的颜色，完成色彩的还原。

在印刷中，网点的呈色有两种方式，即网点并列呈色和网点叠合呈色，如图 3—30（彩图 6）所示。下面对网点的呈色进行分析。

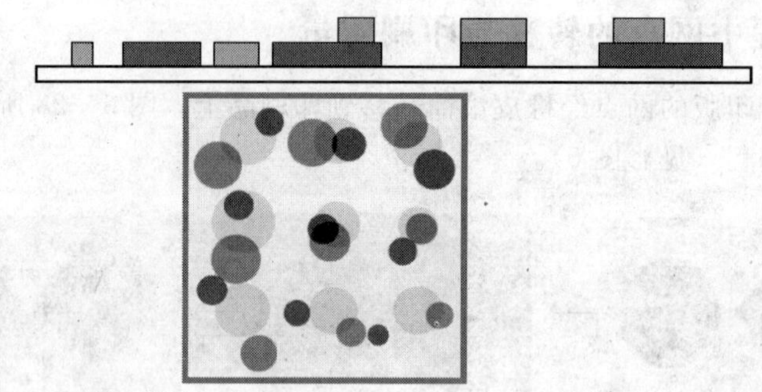

图 3—30　网点并列呈色和网点叠合呈色

1. 白光的组成

日光是标准的白光。色光的混合规律称为色光加色法，由于红（R）、绿（G）、蓝（B）三种色光等量匹配得到白光，所以通常也将这三种颜色称为色光三原色。

2. 网点并列呈色原理

网点并列呈色原理如图 3—31（彩图 7）所示。

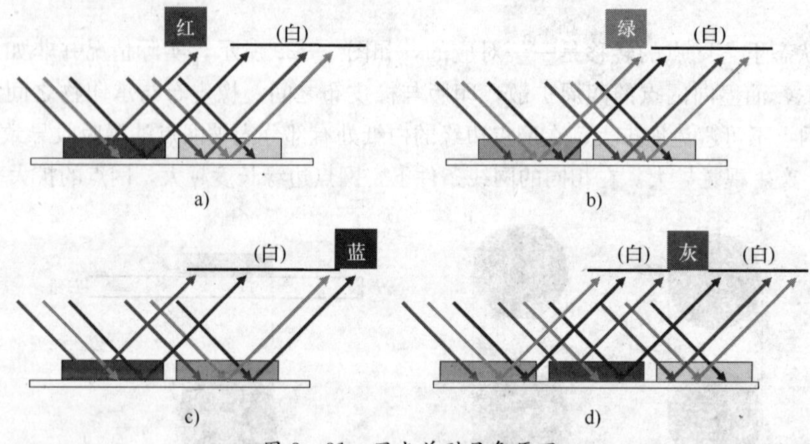

图 3—31　网点并列呈色原理

a）品红/黄网点并列呈色　b）青/黄网点并列呈色
c）品红/青网点并列呈色　d）青/品红/黄网点并列呈色

在白光照射下，品红、黄网点并列时，黄色网点吸收了白光中的蓝光，反射其中的红、绿两种色光；品红网点吸收了白光中的绿光，反射其中的红、蓝两种色光。由于两个网点之间的间隔很小，在不借助其他工具的情况下，人眼看到的是两个网点所反射的四种色光的混合效果，即红色，可用下面的方程式表示：

$M=B+R$

$Y=R+G$

$Y+M=R+G+B+R=(R+G+B)+R=W+R$

从上面的方程式可以看出，最终的结果是白光加红光，其效果是比较亮的红色。

青、黄网点并列呈色方程式如下：

C=B+G

Y=R+G

C+M=R+G+B+G=(R+G+B)+G=W+G

从上面的方程式可以看出，最终的结果是白光加绿光，其效果是比较亮的绿色。

品红、青网点并列呈色方程式如下：

M=R+B

C=B+G

C+M=B+G+R+B=(B+G+R)+B=W+B

从上面的方程式可以看出，最终的结果是白光加蓝光，其效果是比较亮的蓝色。

青、品红、黄网点并列呈色方程式如下：

C=B+G

M=R+B

Y=R+G

Y+C+M=R+G+R+B+B+G=2(R+G+B)=2W

从上面的方程式可以看出，最终的结果是两份白光，与入射的三份白光相比，其效果比原来的光损失一点，故亮度低了一点。

3. 网点叠合呈色原理

网点叠合呈色原理如图 3—32（彩图 8）所示。

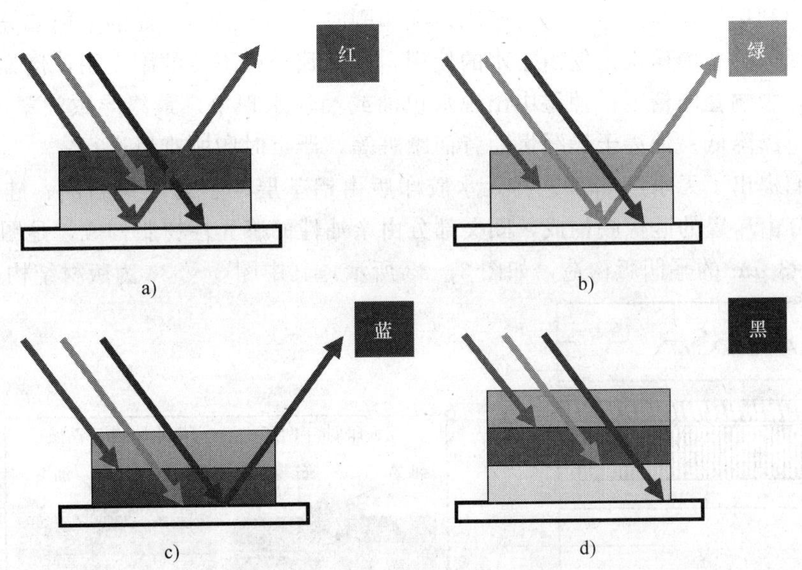

图 3—32　网点叠合呈色原理

a）品红/黄网点叠合呈色　b）青/黄网点叠合呈色

c）青/品红网点叠合呈色　d）青/品红/黄网点叠合呈色

在白光照射下，品红、黄网点叠合时，品红网点吸收了白光中的绿光，透过其中的红、蓝两种色光；黄网点吸收了其中的蓝光，透过红光。红光反射到人眼，得到最终效果，即红色，可用下面的方程式表示：

M=W−G

Y=W−B

Y+M=W−B−G=(R+G+B)−B−G=R

同理，青、黄网点叠合呈绿色，方程式为：

C=W−R

Y=W−B

C+M=W−R−B=(R+G+B)−R−B=G

同理，青、品红网点叠合呈蓝色，方程式为：

C=W−R

M=W−G

C+M=W−R−G=(R+G+B)−R−G=B

而青、品红、黄网点叠合则呈黑色，方程式为：

C=W−R

M=W−G

Y=W−B

Y+M+C=W−R−G−B=(R+G+B)−R−G−B=0

四、无水胶印工艺

通常胶印利用油水相斥原理进行印刷。在印刷时，用水润湿版面的空白部分，使其亲水斥墨，图文部分则亲墨斥水。但由于水的使用，会导致一些不良的副作用，例如，印刷纸张会吸湿变形，影响套印精度；油墨中出现水包油或油包水现象，最终导致油墨的过度乳化，使印刷品的色泽降低；油墨干燥缓慢而背面蹭脏等，严重时印刷难以进行。

于是人们提出了无水胶印工艺。无水胶印版由铝基层、感光性树脂层、硅橡胶层等构成。空白部分由斥墨的硅橡胶构成，图文部分由亲油性的感光性树脂构成，是图文部分比空白部分低 2～3 μm 的平凹版构造，如图 3—33 所示，其中图 3—33a 为版材结构，图 3—33b

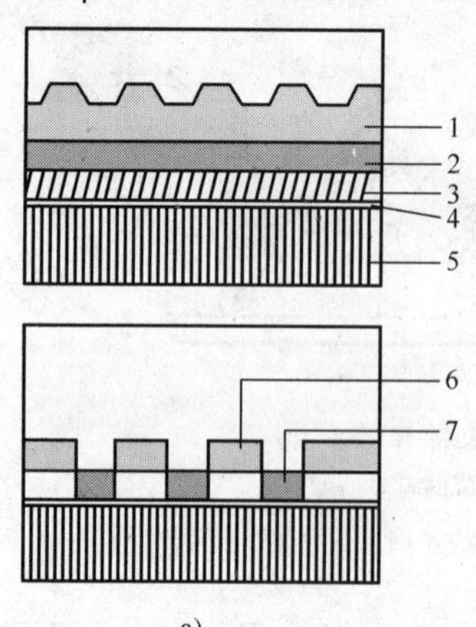

a)

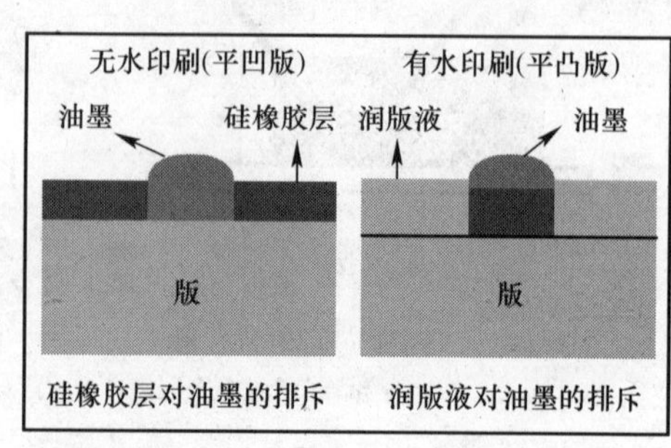

b)

图 3—33　无水胶印原理

a）版材结构　b）无水胶印版与传统 PS 版的结构对比

1—覆盖保护层　2—硅橡胶层　3—感光胶层　4—底涂剂层　5—基层　6—非图文部分　7—图文部分

为无水胶印版与传统 PS 版的结构对比。

无水胶印采用黏度比较高的油墨，可避免因水存在而产生油墨乳化现象，印刷品墨色均匀、饱和度高。在上机印刷时，一般经过 5 张过版纸即可达到正式印刷墨色，耗纸少、生产效率高。但无水胶印也有它的不足之处，如它所使用的是高黏度改性酚醛树脂油墨，遇热易分解，所以印刷时环境温度要求严格控制在 23～25℃之间。

五、数字印刷技术

数字印刷是指将图文信息直接传送到印刷机中，并由印刷机将图文信息转移到承印物上的工艺。目前主要有两种数字印刷工艺，其一，计算机直接到印刷机的数字印刷工艺，即 CTPress 工艺。数字图文信息传送给印刷机后，在印刷机滚筒上形成印版并在计算机的控制下完成印刷。这种工艺仍经制版这一工序，只不过制版工作在印刷机上完成，所以是一种过渡型数字印刷工艺。这种类型的印刷采用的都是无水胶印技术，典型的印刷机有海德堡 DI　46　4 印刷机和高宝的 Karat74 印刷机，如图 3　34 所示。其二，计算机直接到纸张的数字印刷工艺，即 CTPaper 工艺。图文信息传送给印刷机后，无须形成印版，而直接进行印刷，如图 3—35 所示。

a)　　　　b)

图 3—34　典型的 CTPress 印刷机

a）海德堡 DI-46-4 印刷机　b）高宝 Karat74 印刷机

图 3—35　CTPaper 数字印刷机

思考练习题

1. 什么是色光三原色？请绘制色光三原色环。

2. 什么是印刷中的网点扩大？其产生的主要原因是什么？

3. 无水胶印与传统胶印相比较，最大的优势是什么？

4. 数字印刷号称印刷业的未来发展方向，请指出这种印刷技术的优势有哪些？

5. 对照图 3—31（彩图 7）和图 3—32（彩图 8），利用色光加色法和色光减色法分别说明网点并列呈色和网点叠合呈色的原理。

第五节　彩色印刷品质量评价

一、彩色印刷品质量评价的方法

彩色印刷品的质量要求一般较高，其质量评价的方法主要有三种：

1. 主观评价

评价者将各种印刷品的视觉效果与原稿做比较，凭经验对印刷品的质量进行定性评价。这样不可避免地会受到评价者的主观意识和审美观点的影响。

2. 客观评价

利用测试仪器对印刷测控条进行检测，取得相关参数，对印刷品质量进行定量评价。

3. 综合评价

将主观评价和客观评价两种方法综合起来对印刷品进行评价，称为综合评价。

印刷品质量分析与评价经过四个发展阶段：第一，传统质量控制阶段，以主观评价为主的早期质量分析与评价；第二，科学定量控制阶段，利用测控条，借助检测仪器，通过数据对印刷品质量进行科学定量控制分析与评价；第三，计算机印刷控制阶段，印刷机的操作与调节由计算机控制，并且增设联机质量控制装置，在印刷的同时对印刷质量进行在线评价控制与调节；第四，数字流程技术阶段，通过数字流程技术对印刷流程进行系统的全面的分析和评价，并指导印刷质量的控制。

二、彩色印刷品质量分析与评价的主要参考指标

彩色印刷品质量分析与评价的主要参考指标有：

1. 实地密度

实地密度测量是分析与评价印刷品质量的前提与基础。通过实地密度，分析与评价印刷中的墨色控制。印刷要求墨色均匀，即所测得的实地密度大小一致，且在标准规定的范围内。

2. 网点扩大

网点扩大是反映印刷复制过程中网点传递质量的一个重要指标，它是指印刷到纸张上的网点大小与预设网点（菲林网点）大小的差值。印刷中网点扩大是不可避免的，而网点扩大又影响图像复制的阶调与层次的还原与再现。

3. 相对反差

相对反差，也称为K值，它反映了图像暗调部分的阶调与层次再现的质量。

4. 叠印率

印刷是通过叠印实现色彩的还原与再现的，叠印的效果直接影响图像的色彩还原质量。

5. 色差

色差是指用数值表示的两种颜色之间的差别大小。印刷色彩与原稿色彩的接近程度、同批产品相同色彩的一致性都可以用色差加以定量评价。

三、常用测控条及检测仪器

1. 常用测控条

测控条作为检测制版与印刷质量的重要工具，在现代印刷质量控制中的使用越来越普遍。这里介绍几种常用的测控条。

(1) GATF星标

GATF星标是检查印刷复制中网点缩小、网点扩大、网点滑移、网点重影等网点变形情况的信号条。图3—36所示为不同网点变形时GATF星标的变化情况。

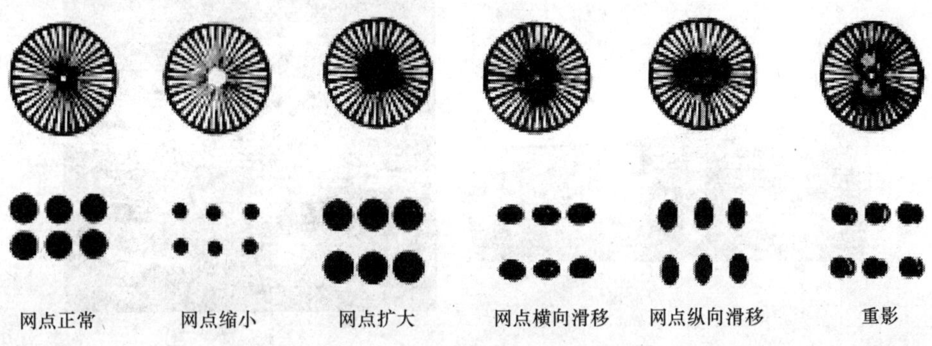

图3—36　不同网点变形时GATF星标的变化情况

(2) 布鲁纳尔测控条

典型的布鲁纳尔（Brunner）测控条有三段式和五段式测控条，如图3—37（彩图9）所示。

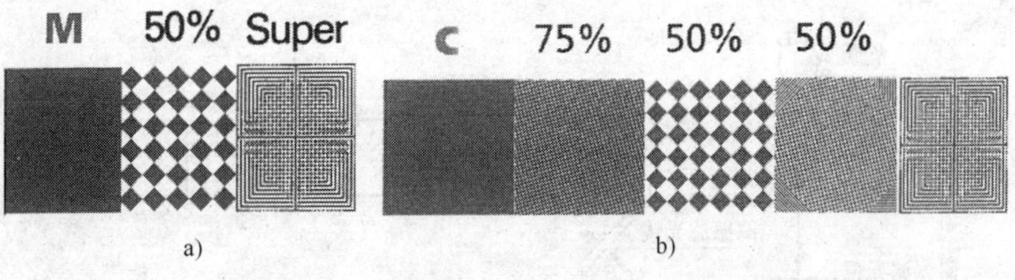

图3—37　布鲁纳尔（Brunner）测控条

a）三段式　b）五段式

三段式测控条由实地、50%方粗网点和50%细网（测微）三段组成，五段式测控条增设了75%细网和50%细网点两段。它可配合密度计检测实地密度、网点扩大、相对反差等质量指标。

（3）Ugra 胶印晒版测控条

如图 3—38 所示，Ugra 胶印晒版测控条分为 5 段，分别为灰度梯尺段、微米线圈端、网点梯尺段、线条控制段和小网点（阳点和阴点）段，主要用来控制晒版和印刷过程中的曝光、显影、网点传递、网点滑移（重影）、网点复制宽容度等质量指标。

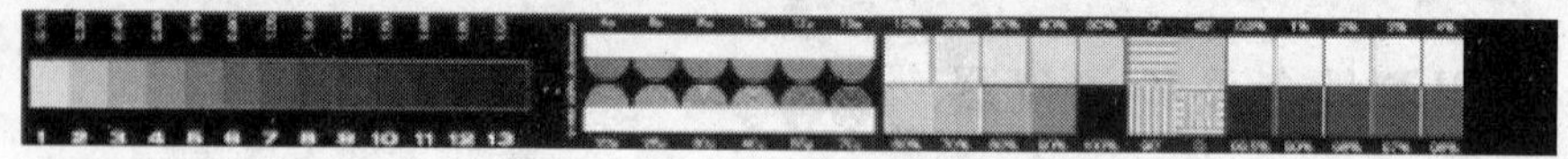

图 3—38　Ugra 胶印晒版测控条

2. 检测仪器

印刷品质量检测中最常用的仪器是密度计。目前国内使用的密度计品牌主要有 X-Rite（爱色丽）、Techkon（泰强）和 Gretagmecbeth（格林达）等。图 3—39 所示为两种常用的密度计。

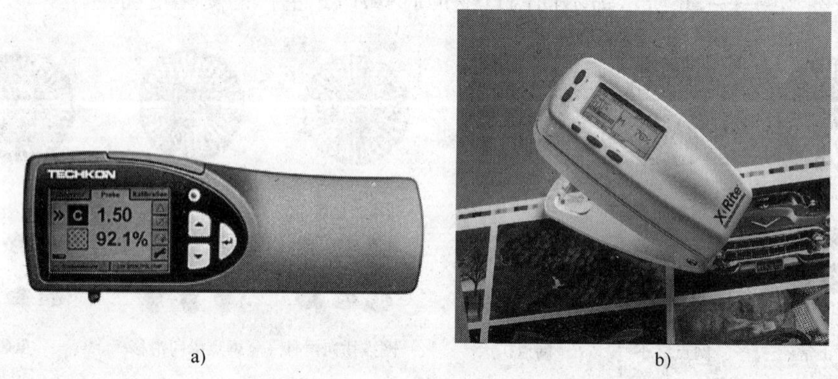

图 3—39　两种常用的密度计

a）泰强 Spectrodens 密度计　b）爱色丽 500 系列密度计

密度计的工作原理如图 3—40 所示，其工作单元包括两个部分，一是光学单元，二是数据处理与显示单元。

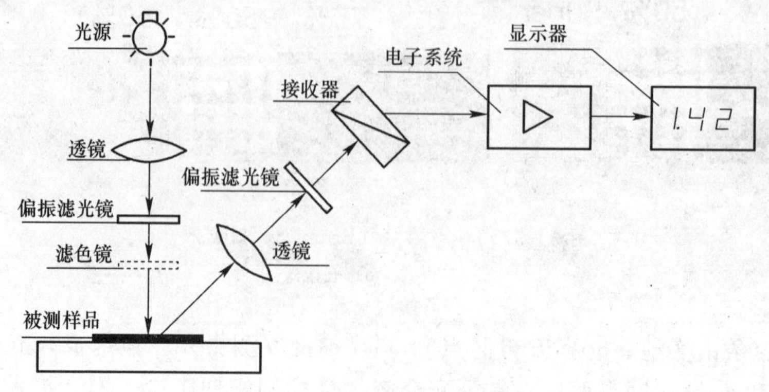

图 3—40　密度计的工作原理

现代密度计除了能够测量颜色的密度外，还可以进行网点扩大、叠印率、相对反差、色度指标等的测算。

思考练习题

1. 在彩色图像复制中，人们常将它分为哪四个色版？这样分色印刷的依据是什么？
2. 试画出彩色图像复制工作流程图。
3. 扫描仪的主要作用是什么？它是如何分类的？
4. 什么是图像的阶调？什么是图像的层次？
5. 印刷中使用的网点类型有哪几种？各自的特点是怎样的？
6. 打样的作用是什么？
7. 为什么说印刷中网点扩大是必然发生的现象？网点扩大的规律是怎样的？
8. 印刷品质量评价的方法主要有哪几种？各有什么特点？

第四章　书刊的印制

书刊印刷就是以书籍、期刊等为主要产品的印刷。在印刷技术发展历程中，书刊几乎是一直占主导地位的产品，只是到了近现代，才扩展到包装、报纸、电路板、标签、服装等领域。与其他印刷品的印制相比，书刊印刷主要以平版胶印为主，其制版及后加工工艺较复杂，尤其是精装书刊的印制，涉及很多表面整饰及装潢工艺。

第一节　书刊印刷概述

书刊、杂志和报纸是人们生活中最常见的印刷品，特别是书刊，即使是信息技术手段多样化的今天，书依然是文化、知识和科学的重要载体。书刊是怎样印刷出来的？这个问题中的“印刷”当然是指广义上的印刷。因为书刊的印制过程很复杂，在印刷机上印刷只是其中的一道工序而已。

一、书刊印制过程

目前书刊的印刷主要以平版胶印为主，也有采用凹印、柔印等其他印刷工艺的。

平版胶印工艺印制书刊一般会经过下面的几个过程。

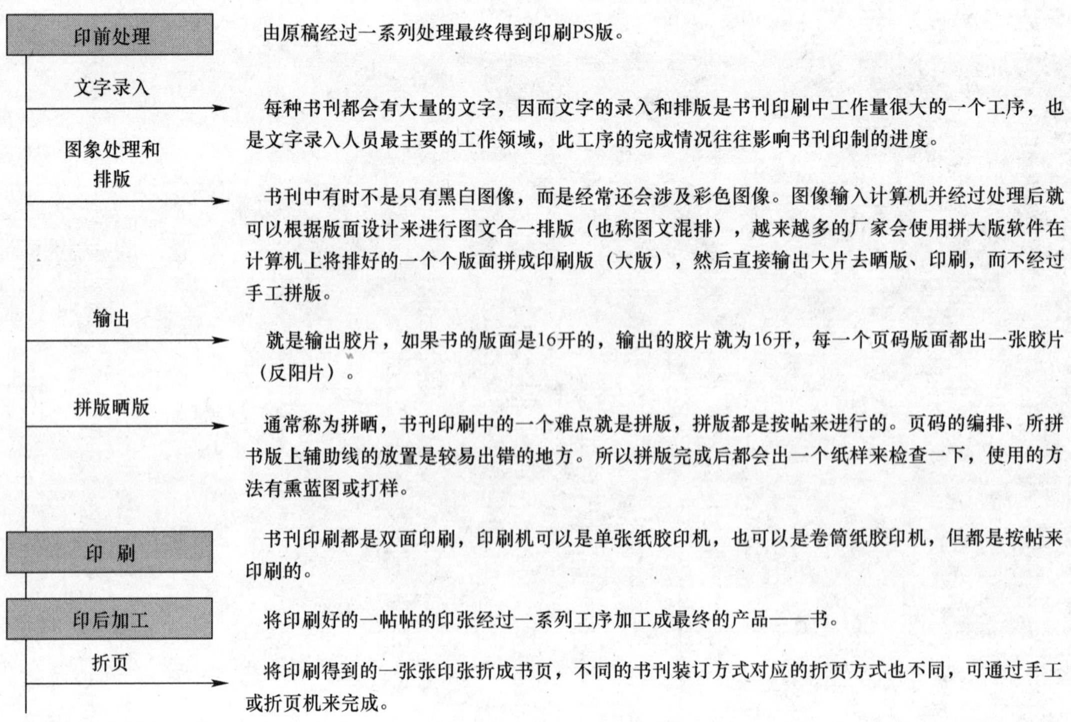

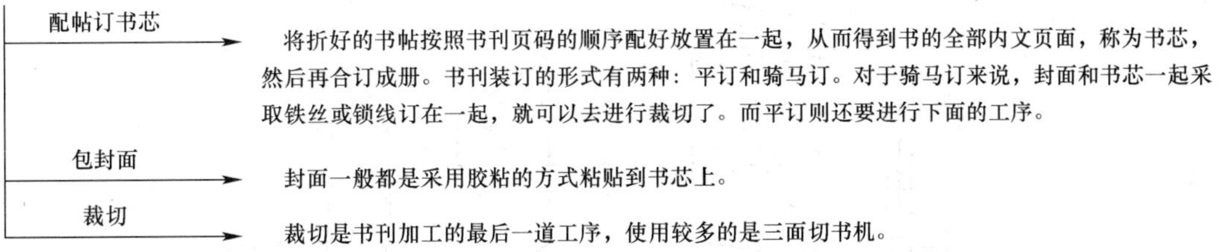

二、书刊的装订及其分类

在了解书刊的装订方式之前，先要掌握一个重要的概念——书帖。如图 4—1 所示，印刷时纸张上同时在一面印刷了书的 4 个页面，即图中的 1、4、5、8 页；另一面印刷 2、3、6、7 页，这样沿着图中的交叉中线两次对折后就得到连续的翻页页码。这时就称这个正反 8 个页面组成的印刷加工单元为一帖，也叫书帖。在书版的拼版、印刷和印后加工过程中都是将帖作为一个整体来考虑的。

图 4—1　书帖及其折页后的情形

书帖的规格以对开为主，也可以是其他尺寸的，如图 4—1 所示，如果书刊页面的规格是 16 开的，那么这就是一个 4 开的书帖。

书刊装订的形式可分为两种：平订和骑马订。这主要是依据书刊中各帖的配页方式不同来区分的，如图 4—2 所示。平订的各帖是层叠式放置的，如图 4—2a 中第 1、2、3 帖平叠在一起，这种装订成书的方式即为平订；如图 4—2b 中第 1、2、3 帖在配帖时第 2 帖插在第 1 帖内，第 3 帖又插在第 2 帖内，好像第 1 帖骑在第 2 帖上，第 2 帖又骑在第 3 帖上，这样装订成书的方式称为骑马订。

日常生活中所见的绝大部分书籍都以平订为主，杂志则以骑马订为主。这是与书刊的页码数相对应的。对于较厚的书籍，采用平订不仅方便装订而且也便于阅读和使用；对于页码数较少的杂志和小册子，采用骑马订不仅不影响使用而且制作方便、经济。

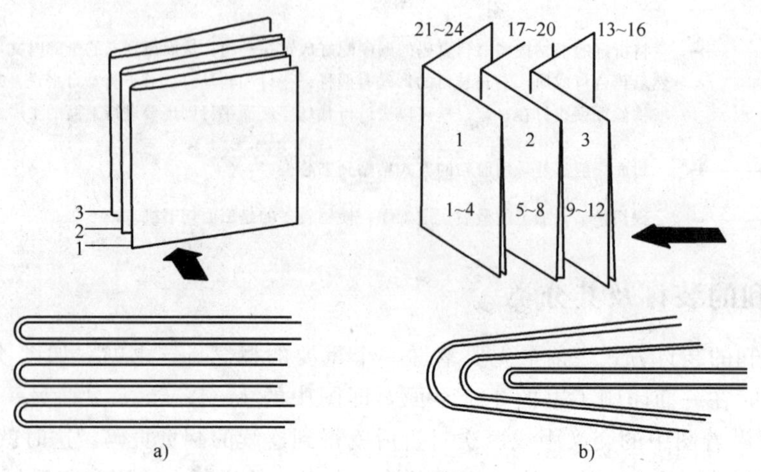

图 4—2　平订与骑马订

a）平订　b）骑马订

平订书根据其加工工艺又分为平装书和精装书，如教科书绝大多数都是平装书，而工具书则多为精装书。精装书印后加工工艺复杂，用料考究，成书精美耐用，适于长时间保存，所以相比较而言，平装书又称为简装书。

三、书刊的开本和各部分的名称

书刊开本是指书刊成品的规格大小。书刊的开本以 16 开和 32 开居多，也有 64 开的书，还有一种叫口袋书的，其开本就更小了。

每本书都由封面和书芯两部分组成。封面一般有 4 个版面，分别称为封一、封二、封三和封四。书芯也称为书的内文，它由扉页、目录、正文、辅文（前言、后记、引文、注文、附录、索引、参考文献）等几部分组成。平订简装书各部分的名称如图 4—3 所示。

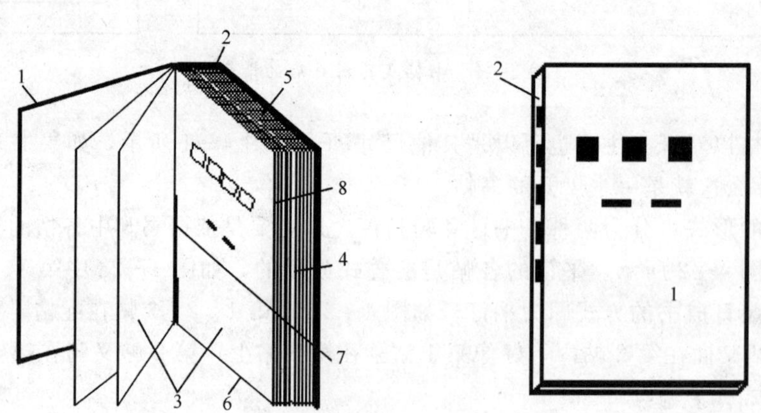

图 4—3　平订简装书各部分的名称

1—封面　2—书背（书脊）　3—扉页（副封）　4—书芯内文部分　5—天头

6—地脚　7—订口　8—切口

精装书分为两种：圆脊精装书和平脊精装书，它们的组成要复杂得多，图 4—4 所示为一典型的圆脊精装书，书脊作了扒圆处理。

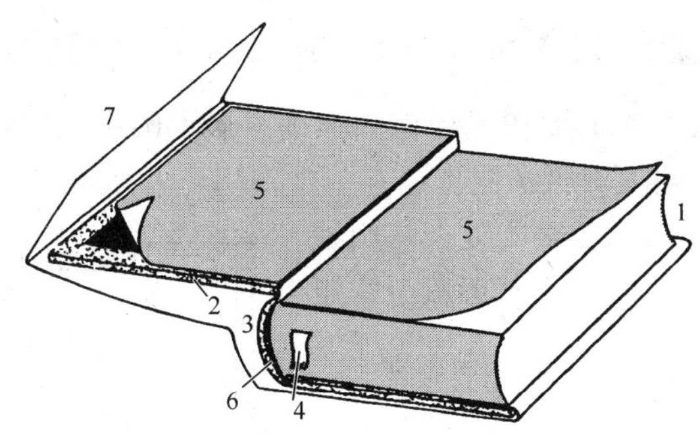

图 4—4　精装书各部分的名称

1—书芯　2—书壳纸板　3—护封　4—书签带　5—环衬　6—堵头　7—勒口

同样开本的书根据其装订的边不一样，又可分为横开本和纵开本。如果以长边作为订口边就称为纵开本，绝大部分的书刊都是纵开本；也有以短边作为订口边的书，称为横开本，如图 4—5 所示。

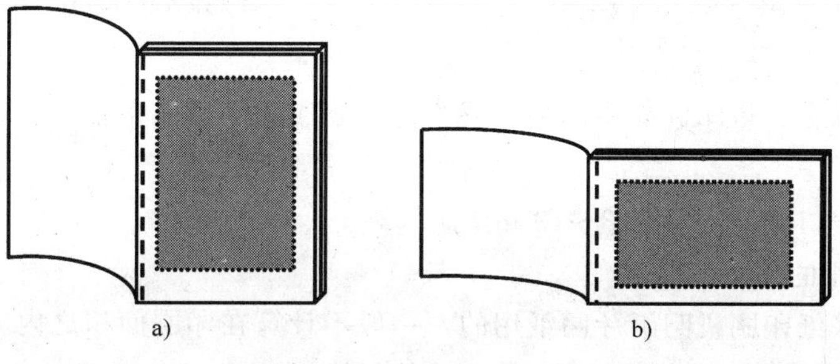

图 4—5　纵开本与横开本

a）纵开本　b）横开本

思考练习题

1. 参观一家典型的书刊印刷企业，说明书刊印刷的流程。

2. 找平订简装书和精装书各一本，对照图 4—3 和图 4—4，分别找出图示中各部分的位置。

3. 骑马订与平订的页码编排有什么不同？骑马订适合什么样的印刷品？

第二节　书刊印刷制版

在书刊的印刷制版中，其文字、图形、图像的录入编排与输出和前面章节所讲述的两个产品的处理过程一样，唯一不同的是书刊的版面很多，在进行页码编排时，必须综合考虑书刊的印刷和装订方式。书刊的版面一般都是以对开的方式来印刷的。例如，对 16 开的书来说，1 印张上就有 16 个页码（正反各 8 个页码），这些页码在骑马订和平订书刊中的设置是完全不同的。

一、书刊拼版台纸的制作和平订、骑马订的页码编排

在制版过程中，拼版台纸的制作对后面的准确拼版、晒版和印刷都有着十分重要的意义。而在书刊的印制中，拼版台纸的制作还有一个作用，就是编排分配书中各页码的位置。因而书刊印刷拼版台纸的制作要更为复杂，归纳起来说，应该分 10 步进行。图 4—6 所示为拼版台纸上相关要素的位置分布。

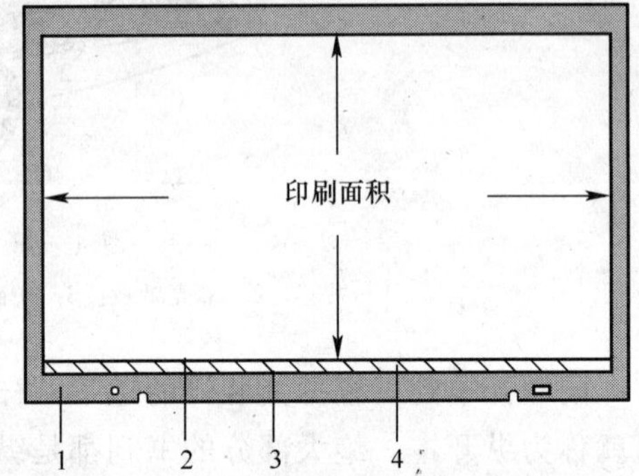

图 4—6 拼版台纸上相关要素的位置分布
1—印版咬口留空 2—印刷起始线
3—纸张咬口边 4—咬口

1. 确定基线

与前面的拼版台纸制作一样，将水平的印刷起始线作为基线，基线到印版边缘的空白区作为印版晒版时咬口留空，这是留给印版装版和张紧的边。不同的印刷机的留空宽度不同，下面列出了几款进口印刷机的相关留空宽度数据：海德堡速霸 102 为 48 mm，海德堡 GTO 为 35 mm，罗兰 200 为 52 mm，罗兰 600 为 43 mm。

2. 画中线

中线与基线垂直，将印刷面积部分一分为二。基线和中线也是拼版台纸的定位线。

3. 画咬口

书刊印刷的咬口宽度一般为 8～10 mm。

4. 画印刷纸张的幅面

咬口是给单张纸印刷机叼纸牙叼纸用的，一般不计算在印刷面积之内。如果印刷品的边是白边，则也可以将咬口边计算在内，从而节约纸张。

5. 确定版面位置和尺寸

书页的版面沿着中线两边分布，图 4—7 所示为一个 4 开的拼版台纸上 4 个版面的位置分布与尺寸。

6. 画裁切线

在图 4—7 中，21 cm×29.7 cm 是一个版面的净尺寸。书刊在装订过程中，为了保持书的三个边的整齐，要做三面裁切处理。裁切的毛边必须在版面上留出，一般裁切边宽度为 3 mm，图 4—7 中的 21.3 cm×30.3 cm 就是留了裁切毛边的版面尺寸，也称为毛尺寸。

7. 画折页线

书版都要进行折页，图 4—7 所示版面要经过两次对折，第一次的折线为中线，第二次的折线为图中虚线。有的书版还会进行三次甚至更多次的对折，所有折线都需要在拼版台纸上画出。

8. 画出版心的位置

图 4—7 所示的拼版台纸上有 4 个版面，在每个版面上都要根据版面设计中的相关数据（包括天头、地脚、订口、切口和版心大小、页码位置等）画出版心的位置。

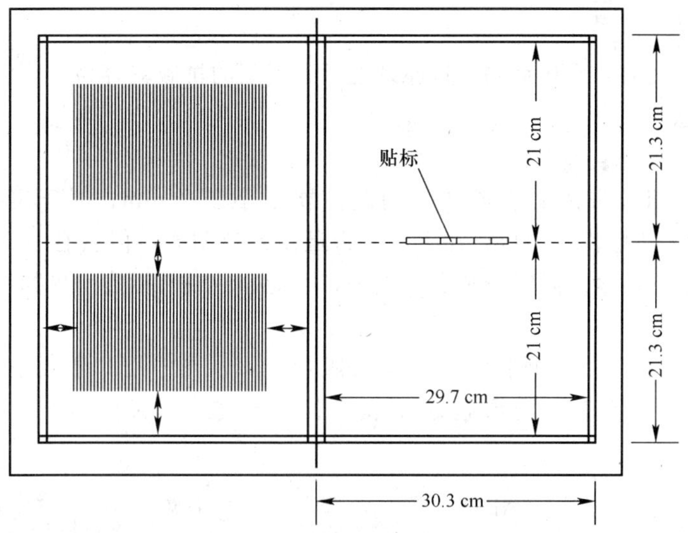

图 4—7 4 开的拼版台纸上 4 个版面的位置分布与尺寸

9. 画规矩线和角线、切线

规矩线是印刷套合的依据，书刊印刷不只要考虑单面不同色版的套合，而且还要考虑正反印刷时的套合。切线是裁切的参考线，在版面净尺寸外折线边。

10. 画帖标位置

一本书都由很多帖组成，为了印刷和后加工时便于辨认，需要在每一帖上做上标记，这个标记称为帖标。帖标一般放在每一帖首页的订口折线上，不同帖的帖标有序放置，这样便于在配帖时检查。

画好的拼版台纸将作为后面书版每一帖拼版的依据，在此以一个 48 页小册子为例，来看看每一帖上页码该如何编排。最简单的方法是取一张纸按照折页的模式进行对折，然后在右下角按序写好页码再展开，就得到每一个版面的页码位置了，这种方法称为折帖子。通过这种方法可以得到将要以平订方式印刷的小册子第一帖的页码分布，如图 4—8 和图 4—9 所示。

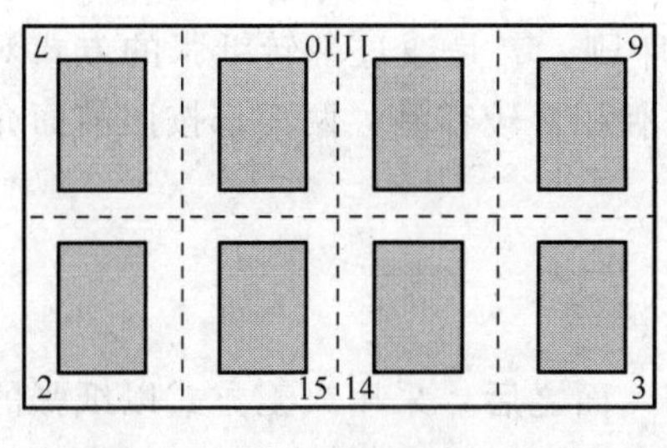

图 4—8 第一帖正面页码分布

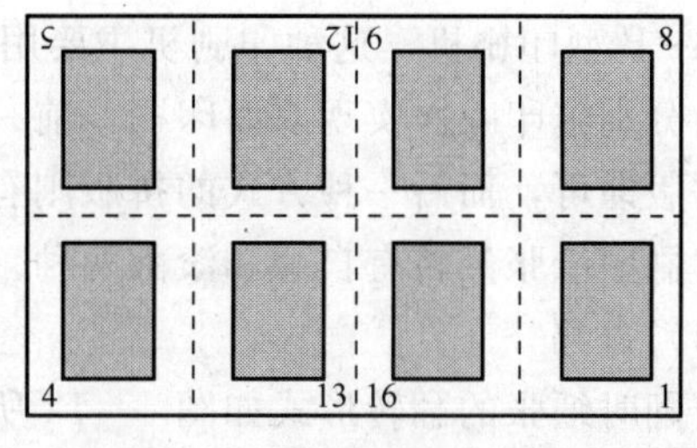

图 4—9 第一帖反面页码分布

需要注意的是胶印的拼版也都是反拼的，这样得到的页码分布也要进行翻转转换。

二、 手工拼大版

在了解拼版台纸的制作和页码编排原理之后，书版的拼版就容易了，但仍要注意在拼版过程中的一些问题。

1. 拼版操作

在粘贴时，透明胶带离文字或图像的距离要不小于 3 mm，对于网点来说最好大于 5 mm，这在其他的拼版作业中也要注意。胶带虽然是透明的，但它有一定的厚度，如果太近会影响后面的晒版质量。同时胶片必须放平，不能翘曲或有折痕、异物等，否则同样会影响晒版质量。

图 4—10 列举了四种在晒版时的错误拼版操作，从图中可以看出它们在晒版时都会导致晒版胶片与 PS 版感光胶层接触不良，使得印版上该部位图文不清或有多余的痕迹。

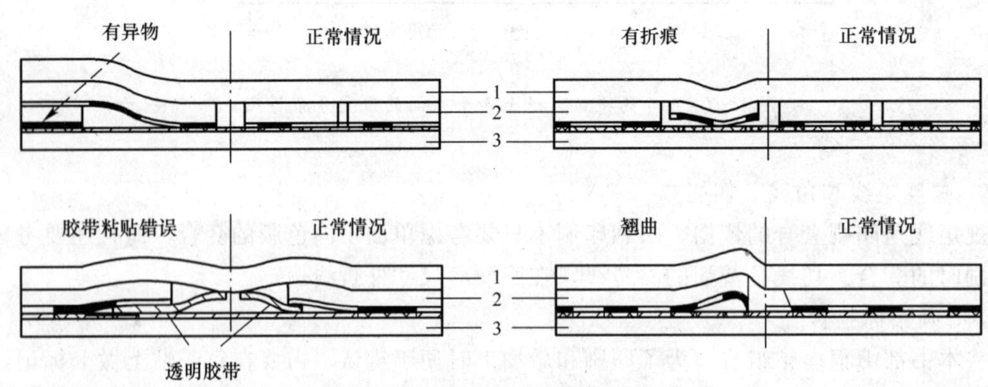

图 4—10 在晒版时的错误拼版操作

1—拼版片基 2—晒版胶片（反阳片） 3—PS 版

2. 书帖正反面拼版

书刊印刷是双面印刷，每一帖都由正面和反面两块版印刷完成。对于胶印机来说，可以通过两种方式来实现双面印刷，一是利用四滚筒结构印刷机一次走纸过程完成双面印刷，如图 4—11 所示。这种印刷机的印刷部分有两个印版滚筒 P 和两个橡皮滚筒 B，纸张从两个橡皮滚筒之间穿过完成双面印刷，此时两个橡皮滚筒互为压印滚筒，这种滚筒排列的印刷机也称为 B - B 型印刷机，这种印刷机主要用于卷筒纸的印刷。二是通过翻转纸张的方式对正面和反面分别施印一次实现双面印刷。前一种方式的拼版相对较容易，两面都按照前面介绍的形式拼版即可，而后一种方式的拼版则有所不同。

印刷中纸张翻转有自翻和滚翻两种。

（1）自翻

自翻时纸张的翻转形式如图 4—12 所示，在印好一面之后，采用人工方式以纸张的中线为轴作翻转，翻转前后纸张的咬口未变，但必须使用不同的侧规，使得正反印刷时采用的定位角统一，保证正反套印的精度。正反面印刷需经过两次走纸过程实现。这样在拼版时正反面侧规定位也不放置在一侧，如图 4—13 所示。

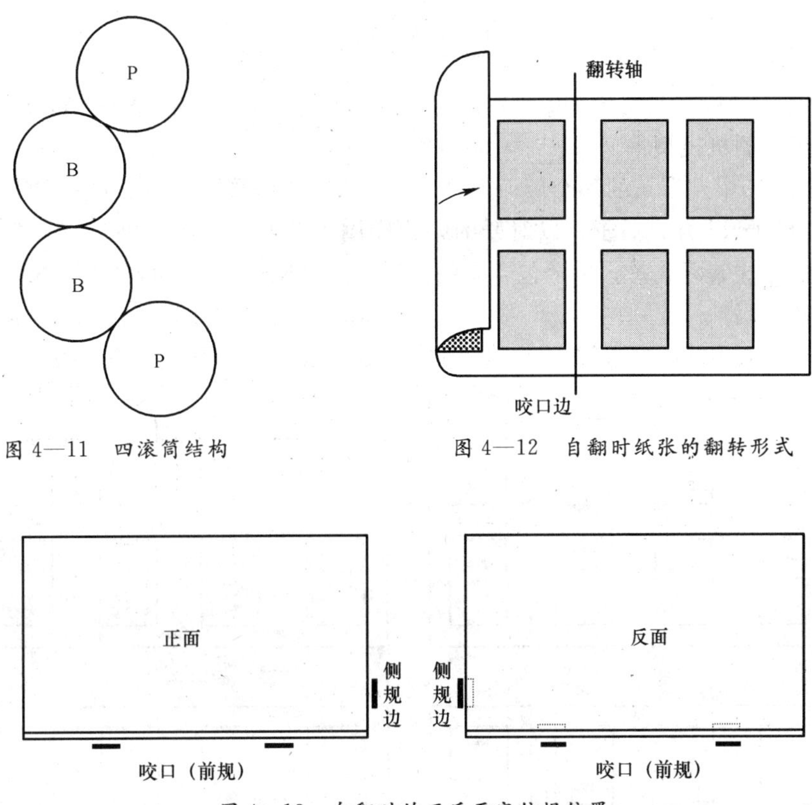

图 4—11　四滚筒结构

图 4—12　自翻时纸张的翻转形式

图 4—13　自翻时的正反面定位规位置

（2）滚翻

滚翻时纸张的翻转是在印刷机内部进行的，这种印刷机带有纸张翻转装置，纸张翻转的形式如图 4—14 所示，在印好一面之后，纸张以横向的中线为轴作翻转，翻转前后纸张的咬口变为拖稍，而拖稍变为咬口。拼版时必须考虑两个咬口边，如图 4—15 所示。正反面印刷只经过一次定位和走纸过程。

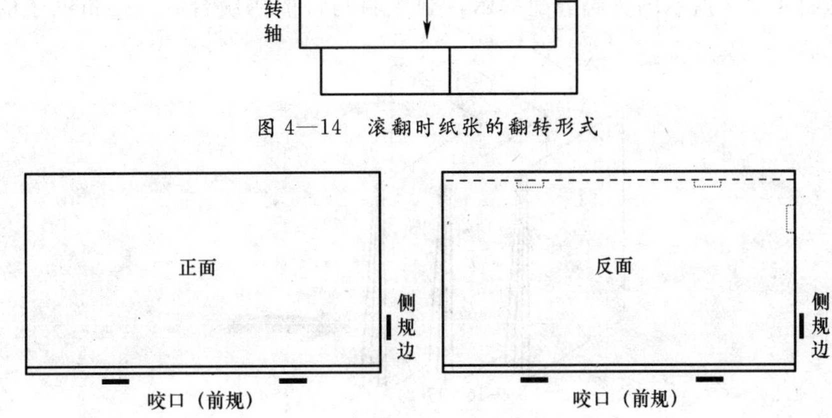

图 4—14　滚翻时纸张的翻转形式

图 4—15　滚翻时的正反面定位规位置

思考练习题

1. 去就近的晒版车间实地观察一次晒版操作的全过程，做好记录，并填空：
印版适用印刷机机型：________，留空宽度：______。

2. 在图 4—7 中左下角的那个版面上分别标出天头、地脚、订口、切口和版心的位置。

3. 一本 48 页 16 开小册子，以对开的幅面印刷需要几帖？每一帖上有多少个页码？如果是以平订的方式装订，每一帖上包含哪些页码？如果换作以骑马订的方式来装订，每一帖上又包含哪些页码？

4. 在图 4—16 中标出平订方式小册子的第二帖和第三帖页码的分配情况。

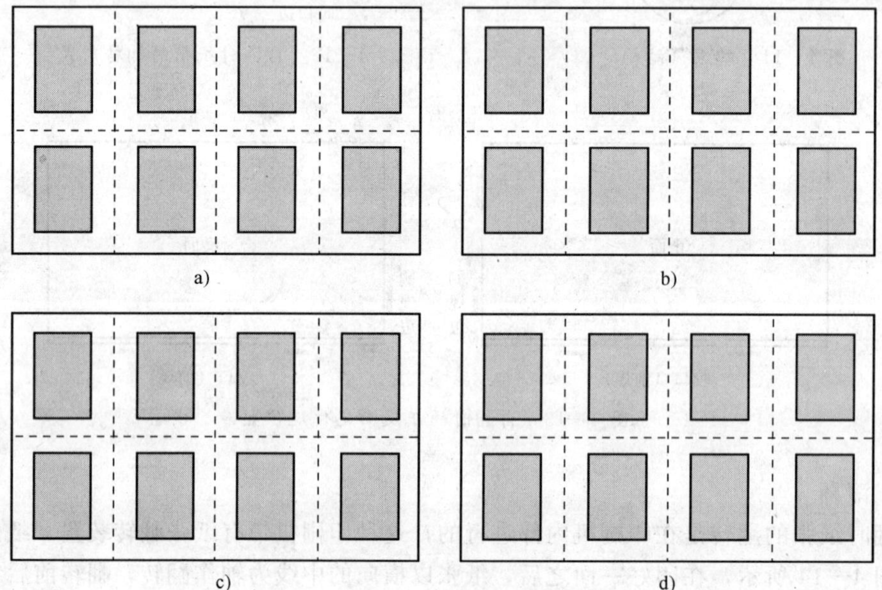

图 4—16　页码分布

a）第二贴正面　b）第二贴反面　c）第三贴正面　d）第三贴反面

5. 根据图 4—17 所示的页码分配提示，制作骑马订的拼版台纸，用折帖子的方法标明

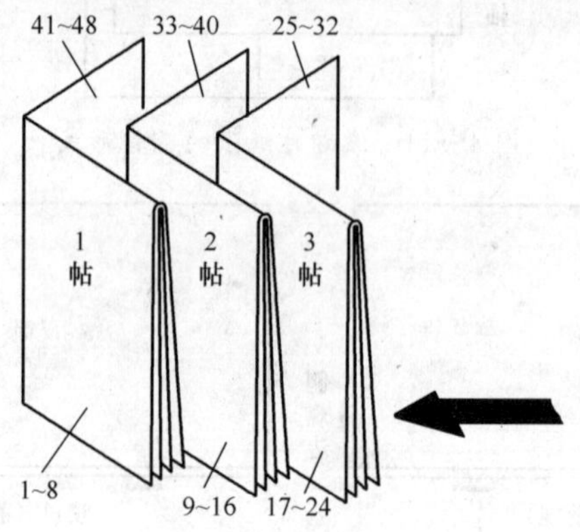

图 4—17　48 页骑马订小册子的配帖和页码分配

每一帖的页码分布。

6. 在胶印中，双面印刷主要可以通过哪些方式实现？请分别加以说明。

第三节　书刊的印刷

书刊的印刷包括印刷封面和印刷内文，封面与内文一般都是分开印刷的。其原因有两个，一是二者使用的纸张通常都不一样，封面印刷用纸要好于内文用纸，封面以铜版纸为主，内文多使用书写纸或胶版纸；二是封面以彩色居多，而内文以黑白居多。封面的印刷工艺与前面的彩色单页类似，只不过很多也是双面印刷（封二、封三也有文字或图片），所以在这一节中将重点讨论书刊内文的印刷过程。

使用单张纸胶印机印刷书刊依然是我国目前书刊印刷的主流，这主要是因为书刊的发行量不大，对于部分发行量较大（10 万册以上）的书刊使用卷筒纸胶印机印刷是比较理想的选择。

一、卷筒纸印刷机及卷筒纸

图 4—18 所示为卷筒纸印刷机的结构简图，它主要由四个部分组成，分别为给料（纸卷）部分Ⅰ、纸带张力控制部分Ⅱ、印刷部分Ⅲ、收料和加工部分Ⅳ。给料和收料部分相当于单张纸胶印机的输纸和收纸部分，在卷筒纸印刷机上纸张是以纸带的形式印刷的，所以增加了纸带张力控制部分和大量的导纸辊，在收料部分还设有折页和裁切装置。

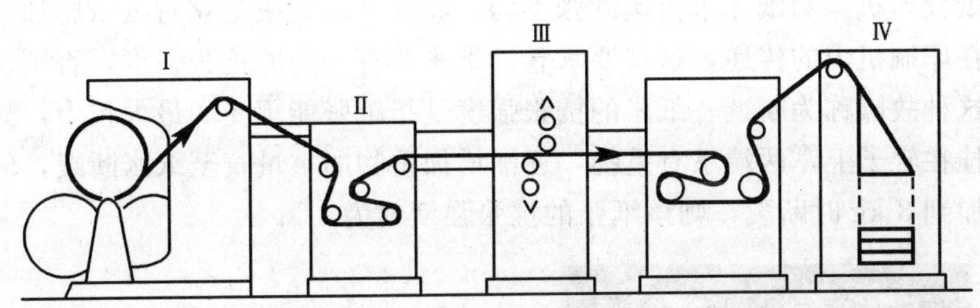

图 4—18　卷筒纸印刷机的结构简图

在卷筒纸印刷机中，印刷部分的滚筒排列多为 B－B 型，即由两个橡皮滚筒和两个印版滚筒组成，纸带从两个橡皮滚筒之间穿过，并实现双面印刷。图 4—19 所示为卷筒纸印刷机中一个印刷机组的结构。中间的箭头线表示印刷的纸带及其走向，其上下各为一个印刷色组，分别印刷正面和反面。与单张纸胶印机一样，如果在印刷机给料和收料部分间设置多个印刷机组，就构成了多色卷筒纸印刷机。

卷筒纸在印刷中与单张纸有着完全不同的尺寸计算方法，如图 4—20 所示。卷筒纸都卷在一个较硬的纸芯上，图中 A 为纸芯的直径。卷筒纸的规格常用三个指标表示，分别是卷筒纸的纸卷直径 B、纸卷的展开长度 L（图中未标出）和纸卷的宽度 I。图中 C 和 D 分别表示印刷机能够印刷的最大幅面的长和宽，E 表示印刷的步进长度，该长度与印刷机滚筒的周长一致，F 和 J 为纸卷印刷时的白边宽度。和单张纸印刷不同的是卷筒纸印刷机只能完成规定尺寸的印刷，否则就会造成纸张的浪费。图 4—21 所示为待印的卷筒纸。

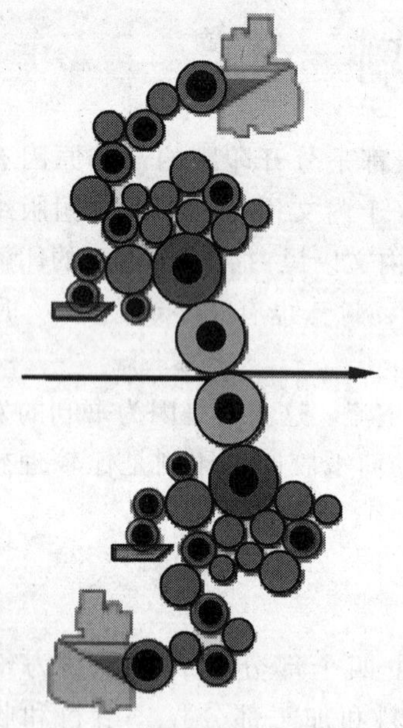

图 4—19　卷筒纸印刷机中一个印刷机组的结构

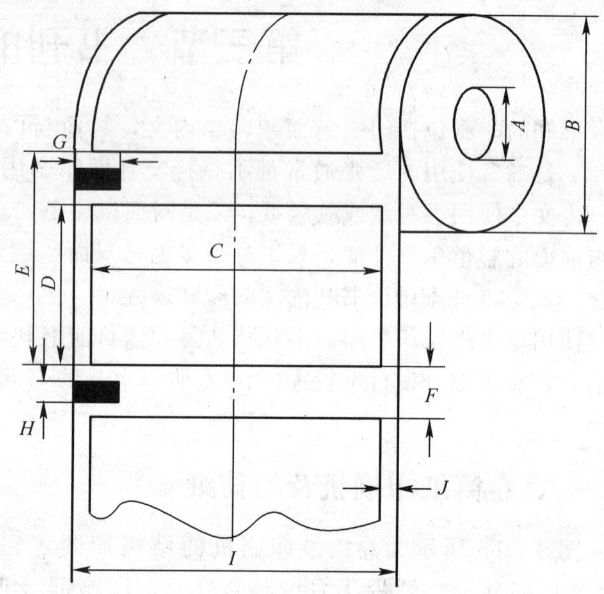

图 4—20　印刷卷筒纸的相关尺寸

与单张纸胶印机靠叼纸牙来传递纸张不同，卷筒纸印刷机是靠对纸带施加一定的拉力牵引实现纸张在印刷机内的传递，这就要求卷筒纸张要有一定的抗张强度，否则就容易造成纸带的断裂，这种故障称为断纸。纸张的抗张强度是指纸张能承受的最大拉力，如图 4—22 所示。将纸张挂在辊子上，两端系有重物，逐渐增加重物的重量直至纸张断裂，例如在两端每边的重物增加到 8 kg 时断裂，则该纸张的抗张强度就为 8 kg。

图 4—21　待印的卷筒纸

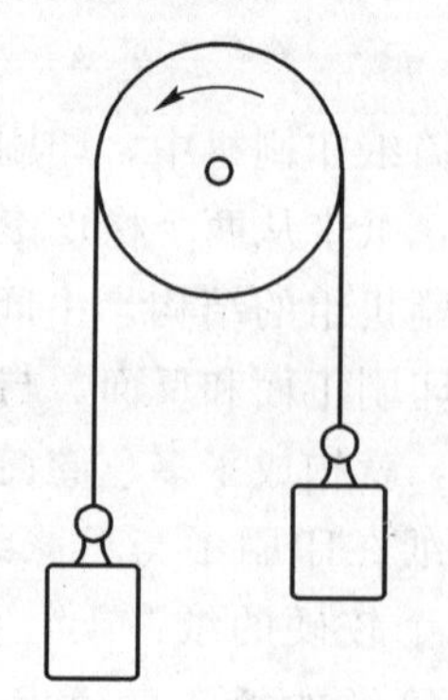

图 4—22　纸张抗张强度检测

二、卷筒纸印刷机的联机折页裁切装置

卷筒纸印刷机都带有联机折页裁切装置，将印刷好的纸带折页并裁切得到需要的书帖，如图 4—23 所示。这与单张纸的折页完全不同。纸带的加工过程如下。

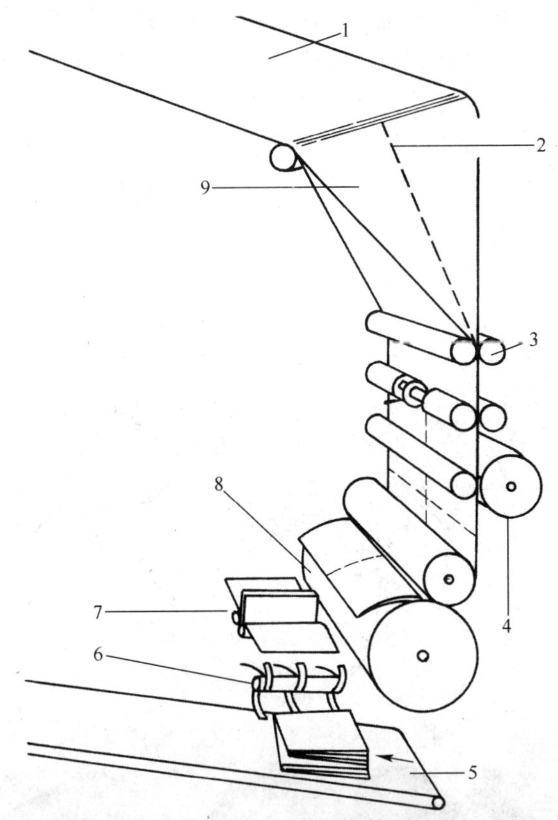

图 4—23 卷筒纸印刷机联机折页裁切装置

1—纸带 2—导气孔线 3—导纸辊 4—裁切辊 5—传送带
6—接收辊 7—刀折 8—折页辊 9—三角折页刀

1. 对折

三角折页刀完成对纸带的对折，这是所有卷筒纸折页装置的开始部分。一般还会在三角折页刀的导纸辊上方设置孔刀，在纸带的中间折页线上打上导气孔线，从而有利于下面折出更平整的书帖。

2. 平行折页

折页辊有时会设置 2～3 组，实现对书帖的平行折页。

3. 裁切

裁切刀也是装在辊上的，且与辊的轴向平行，辊子的周长与裁切的尺寸一致。

4. 刀折

刀折完成对书帖的交叉折页。对开的纸张经过两次中间折页辊的平行折和一次刀折，便得到一个 16 开的书帖了。

折好的书帖经过接收辊转移到传送带上输出。

三、单张纸胶印机的双面印刷

在书版的拼版中，单张纸胶印机的双面印刷方式除了 B－B 型之外还有自翻和滚翻两种常用方式。自翻相对较为简单，而滚翻是在印刷机内部借助翻转装置实现的。这种装置作为印刷机的选配装置设置在机组式印刷机的两个机组之间，一般由 3 个滚筒组成，如图 4—24 所示。传纸滚筒从前一机组的压印滚筒接过纸张然后再传递给存纸滚筒，存纸滚筒的直径一般都是压印滚筒直径的 2 倍。存纸滚筒叼纸牙叼住纸张咬口，但在到达与翻转滚筒的交界处时并不将纸张传出，而是继续叼住纸向下旋转，当纸张的拖稍到达与翻转滚筒的交界处时才进行纸张的交接，这时纸张的拖稍就变为咬口，从而完成了纸张的翻转，后一印刷机组就会在纸张的另一面印刷了。

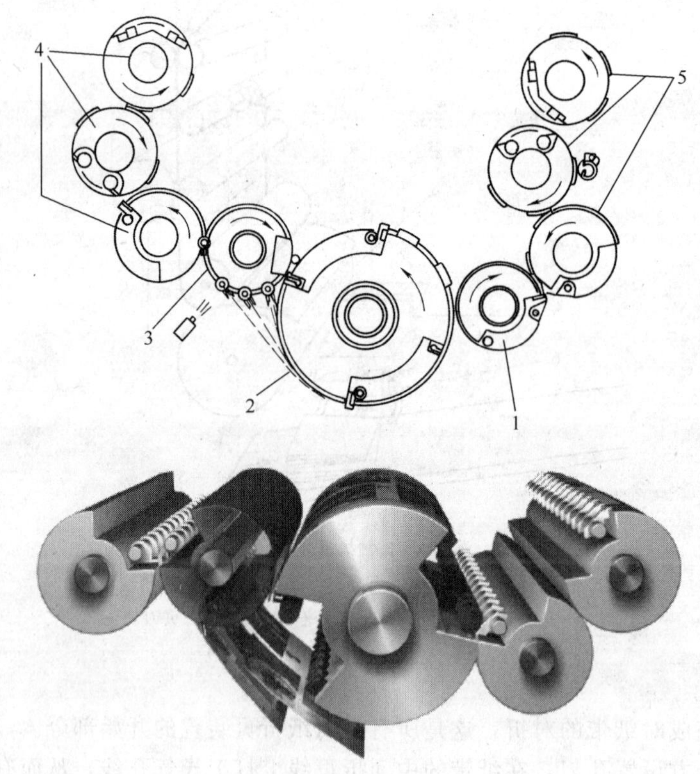

图 4—24　单张纸胶印机的翻转装置

1—传纸滚筒　2—存纸滚筒　3—翻转滚筒　4—后一机组三滚筒　5—前一机组三滚筒

思考练习题

1. 在图 4—19 中分别标出印版滚筒和橡皮滚筒（各 2 个）、着墨辊和着水辊。数数每个印刷色组上着墨辊和着水辊的根数，与单张纸胶印机相比有何不同？

2. 将图 4—19 所有的墨辊涂成红色，所有的水辊涂成蓝色。
3. 四滚筒结构卷筒纸印刷机有压印滚筒吗？在什么位置？
4. 分析卷筒纸印刷机中纸张是如何被双面印刷的。
5. 对照图 4—24，说明纸张翻转装置的工作原理和过程。
6. 卷筒纸折页时往往要压一些孔线，这有什么实际作用？

第四节　印后加工

在书刊印刷中，将由印刷机印出书页经过一系列加工，最终得到书刊的过程称为印后加工。不同类型的书刊，其印后加工工艺过程略有差别，但基本上都要经过下面几个工序。

折页	印刷好的单张书页，按照页码顺序和开本的大小，以手工或机械方式折叠成书帖的过程叫做折页。为了便于后面的处理，折好的各帖一般要做压平处理。卷筒纸印刷机印刷的书帖是已经折好的，就不需要再经过这一工序了。
配页	将折好的各帖按照书页的顺序配到一起。骑马订和平订有着完全不同的配页方式。
订书芯	就是将配好的各帖订在一起。订书芯的方法有多种，对于骑马订来说，主要使用铁丝订和锁线订，有时也会使用胶粘法。平订书芯传统的方式也是铁丝订和锁线订，现在越来越多地采用无线胶订。采用骑马订方式订书芯时，都是将封面和书芯一起订，平订时还需要包封面。
包封面	将裁切好的封面包在刷有胶的书芯上并粘牢压平。
裁切	将天头、地脚和切口三个边的毛边切去便得到成品书。可以在切纸的刀架上分3次完成，现在越来越多是在三面切书机上一次裁切完成。

一、简装书的印后加工

1. 折页原理与折页机

有的书帖在折页前还要作闯齐分切处理。折页使用的机器为单张纸折页机，根据折页机使用的折页方式不同，将折页机分为刀式折页机、栅栏式折页机和混合式折页机三种。如果一台折页机上只采用刀式折页方式就是刀式折页机，只采用栅栏式折页方式就是栅栏式折页机，如果折页机上既有刀式折页又有栅栏式折页就称为混合式折页机。现在的书刊折页机一般都是混合式折页机。

（1）刀式折页

刀式折页如图 4—25 所示。刀式折页的基本折页过程是待折页的纸张在传送带或传送辊的带动下以一定的速度到达定位挡板定位，同时折页刀下移，将定位好的纸张沿刀口线压向一组对滚的折页辊，两辊间的间隙与经过的纸张厚度一致，折页刀确定了纸张的折页位置，折页辊则完成对纸张的折页。折页刀一般在两个折页辊的正上方，将纸张送向折页辊后快速抬起，下一张纸过来定位，开始下一个折页循环。刀式折页机可以折全张的印张，折页精度高，但占地面积大。

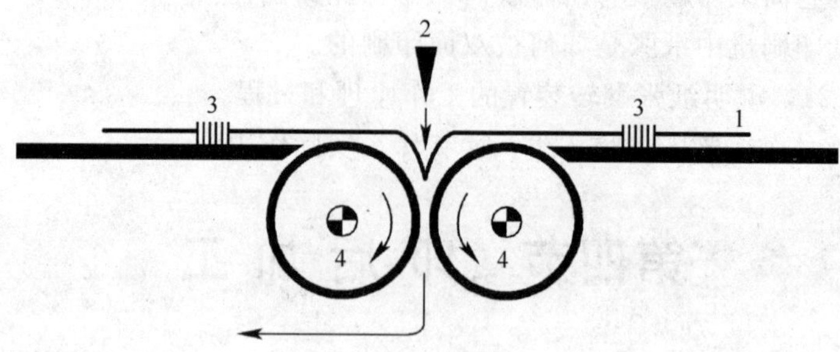

图 4—25　刀式折页

1—纸张　2—折页刀　3—定位挡板　4—折页辊

（2）栅栏式折页

栅栏式折页也叫口袋式折页，如图 4—26 所示，折页辊 2 和 6 组成一组纸张的传送辊将纸张送向栅栏口袋，纸张的前边到达折页挡板后，后续的纸张依然被向里传送，这样便会在折页辊 5 和 6 之间形成弯曲折边。纸张进入折页辊 5 和 6 间被折页，并在摩擦力的作用下继续向下传送，进入口袋的纸张也一起带出。折页辊 2 和 6 的间隙与通过的纸张的厚度相等，折页辊 5 和 6 的间隙是折页辊 2 和 6 间隙的 2 倍。通过调节折页挡板在栅栏上的上下位置可以控制纸张的折页位置。

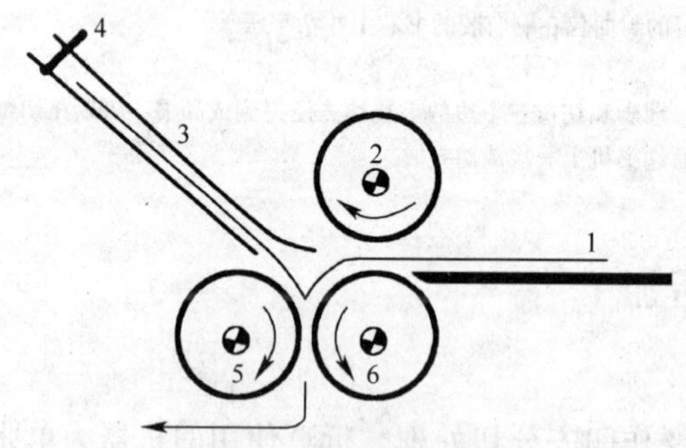

图 4—26　栅栏式折页

1—纸张　2、5、6—折页辊　3—栅栏　4—折页挡板

这种折页机折页速度快，占地面积小，但不适合折幅面大、薄而软的纸张。

2. 配页与帖标

把一本书所有折好的书帖按页码顺序配成册的过程叫配页，骑马订与平订的配页方式是完全不同的。骑马订的配页方式通常也称套帖，如图 4—27 所示；平订的配页方式称为配帖，如图 4—28 所示。

骑马订配页时由于帖数相对较少，一般难度较小，不易出错，而平订的配页有时有十几帖甚至更多，很容易出错，所以会在每一帖的帖脊上印上帖标供配页检验用。配好页的书

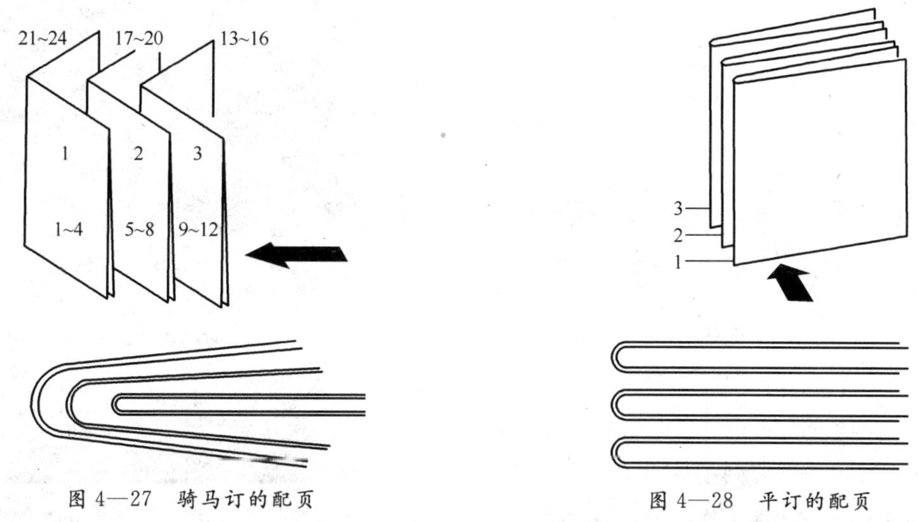

图 4—27 骑马订的配页

图 4—28 平订的配页

芯，各帖的帖标会在书芯脊背处呈阶梯状连续排列，当出现错帖、重帖、缺帖等配页错误时就可以很容易地检查出来，如图 4—29 所示。

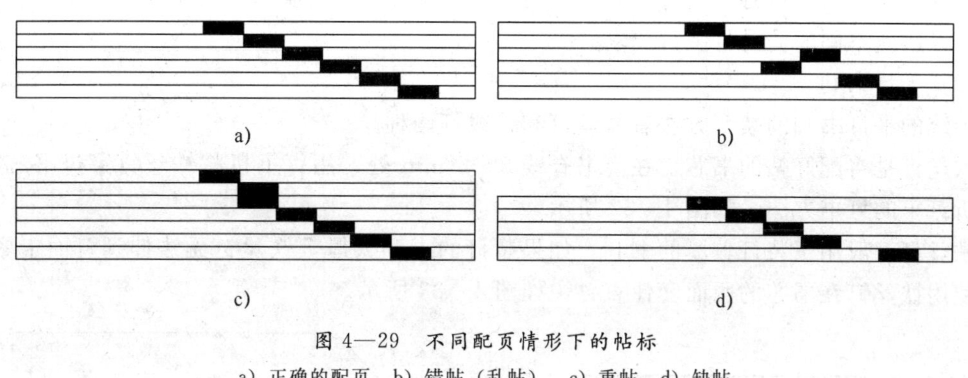

图 4—29 不同配页情形下的帖标

a）正确的配页 b）错帖（乱帖） c）重帖 d）缺帖

3. 订书芯

将配好的书帖（一般也称毛本）撞齐、扎捆，除了锁线订外，在毛本的背脊上刷一层稀薄的胶水或糨糊，干燥后一本本地分开，以防书帖散落，然后进行订书。

将配好页的书帖组成的书芯运用各种方法牢固地订在一起，这一工艺过程叫做订书芯，也叫合订。常用的订书芯方法有铁丝订、锁线订、无线胶订等。骑马订书刊和平订书刊往往采用不同的合订加工方式。

（1）骑马订书刊

骑马订书刊是将封面与内文一起进行合订。装订的方式以铁丝订为主，线订为辅。图 4—30 所示为三种常见的骑马订订针形式。图 4—31 是环型装订的小册子。

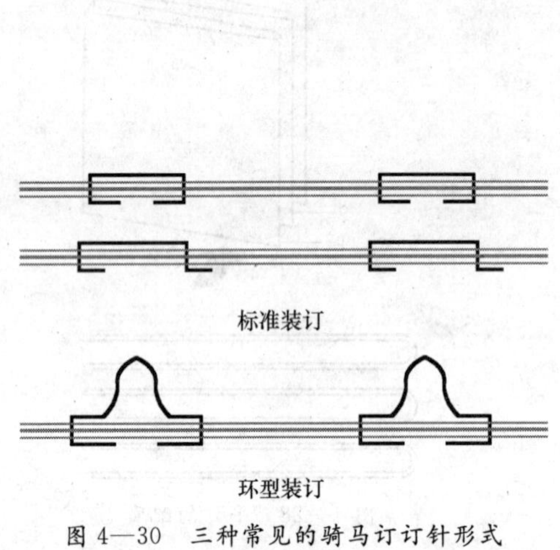

图 4—30　三种常见的骑马订订针形式

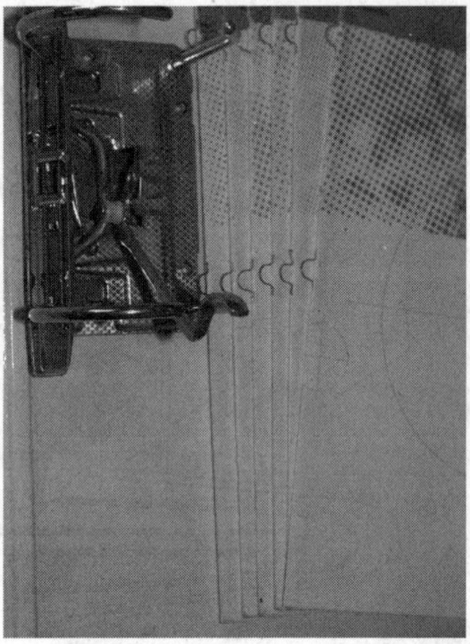

图 4—31　环型装订的小册子

骑马订通常是在骑马订书机上进行，其工作原理与平常使用的办公订书机类似，只是使用的不是现成的订书针，而是直径分别为 0.55 mm 和 0.5 mm 的 24 号和 25 号铁丝，经过订书机的自动剪断、弯钉，再订书。剪断的铁丝长度、弯钉的类型和订书的位置都可以进行调节，以适应不同的骑马订装订要求。

（2）平订书刊

传统的平订书刊的装订方法有铁丝订和锁线订两种。

铁丝订是将配好帖的书芯，在离书脊线 5～6 mm 处，用订书机将铁丝钉穿过书芯在背面弯折订牢的订书方法，如图 4—32 所示。

铁丝订一般用于装订较厚的书刊。如果装订的书刊太厚，铁丝钉无法伸到背面卡紧时，可以使用铁丝钉在书芯的两面套住直订，如图 4—33 所示。

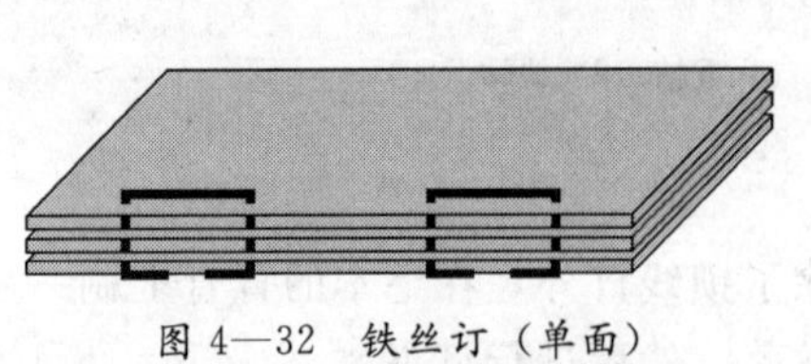

图 4—32　铁丝订（单面）

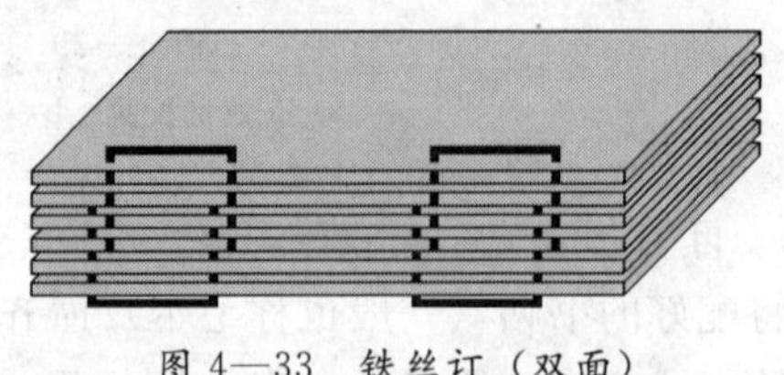

图 4—33　铁丝订（双面）

铁丝订的生产效率高，价格便宜。但铁丝订的订脚紧，所装订的书不易翻阅；铁丝受潮易生锈，锈斑会渗透封面，造成书页的破损和脱落，而不利于长期的保存与使用。所以平订书刊还常使用锁线订，尤其是较厚的书刊。精装书的装订几乎都使用锁线订。

将配好的书帖按照顺序用线一帖一帖地串联锁紧成书芯，叫做锁线订，如图 4—34 所示。锁线订工艺相对较复杂，原理上与缝纫机缝衣服有些类似，如图 4—35 所示，基本分两步进行：一是用线将单帖锁紧（见图 4—35a）；二是将锁紧的各单帖连到一起。根据各单帖连线的方式又将锁线订分为平锁（见图 4—35b）、锯齿锁（见图 4—35c）和交叉锁（见图 4—35d）。

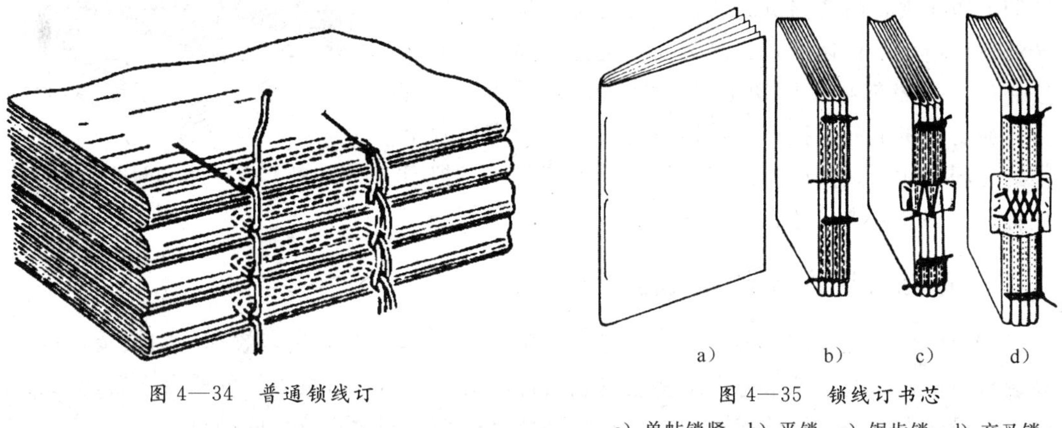

图 4—34 普通锁线订

图 4—35 锁线订书芯
a）单帖锁紧 b）平锁 c）锯齿锁 d）交叉锁

此外，无线胶订作为一种较新的书刊印刷装订工艺正越来越多地被使用。这种工艺是用黏结力很强的胶将书的每一个单页黏合到一起的装订方法。因为黏合胶要作用到每一个书页的订口，所以书帖配好、闯齐夹紧后，首先要设法将帖背切掉一部分以便露出每一个书页，然后就可以向帖背上涂布黏合胶了。帖背切掉一部分后通常还要做打毛处理，从而增强黏合的效果。图 4—36 所示为无线胶订中的铣背打毛处理过程和处理过的书芯的示意图。和传统订书方式相比，无线胶订得到的书刊书脊平直，书芯厚薄均匀，订口小，翻阅方便。

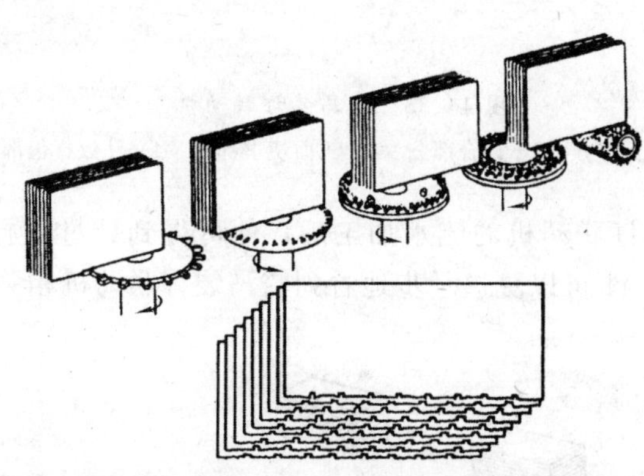

图 4—36 铣背打毛处理过程和所得书芯

4. 包封面

印刷好的封面需要根据成书的开本大小进行裁切，之后还要根据书脊的宽度作压痕处理，再将其通过胶粘的方式和书芯结合到一起压平干燥。包上封面后，便成为平装书籍的毛本。平装书籍的封面应包得牢固、平服，书脊上的文字应居于书脊的正中直线位置，不能斜歪，封面应清洁、无破损与折角等。

5. 裁切

无论是骑马订还是简装平订，得到的毛书最后都要进行裁切才能成为成品书。裁切就是将毛书的天头、地脚和切口的毛边切去，将各书页分开，同时使得书的三个边整齐光洁。使用切纸机切书，不仅劳动强度高，而且精度也无法保证，一般都在三面切书机上裁切，如图 4—37 所示。三面切书机上有 3 把钢刀，切书时天头和地脚的两个平行的刀同时切书，然后才是切口的刀下来工作。三把刀的位置可按书刊开本尺寸进行调节。

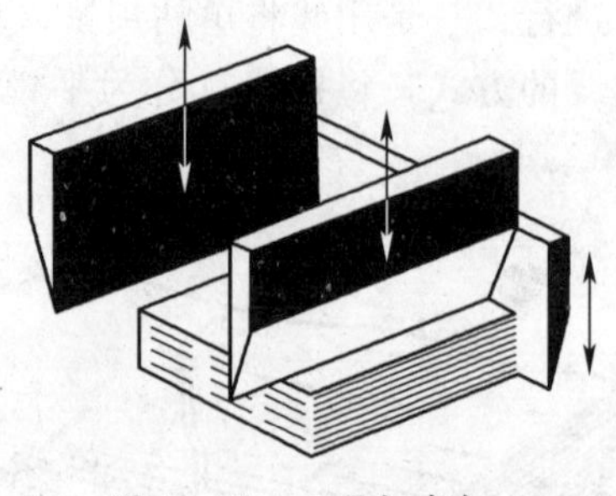

图 4—37 三面切书机

二、简装书刊装订联动设备

书刊的印后加工工序繁多，劳动强度大，加工周期长。为了提高效率、加快装订速度、提高装订质量，印刷业越来越多地使用书刊装订联动设备，将折页以后的所有印后加工工序放在一台设备上完成。目前使用的主要有骑马装订联动机和无线胶订联动机。

1. 骑马装订联动机

骑马装订联动机是将印后加工中的配页（配封面）、订合、三面裁切和计数打包整合在一台设备上来完成加工的设备，如图 4—38 所示。

图 4—38 骑马装订联动机

1—配页部分 2—订合部分 3—三面切书部分 4—计数打包部分

折好后的书帖经过装订联动机的流水加工后，便可得到计过数打好包的成品书。从图 4—39、图 4—40 和图 4—41 可以更进一步地看到骑马装订联动机相关部分的工作情况。

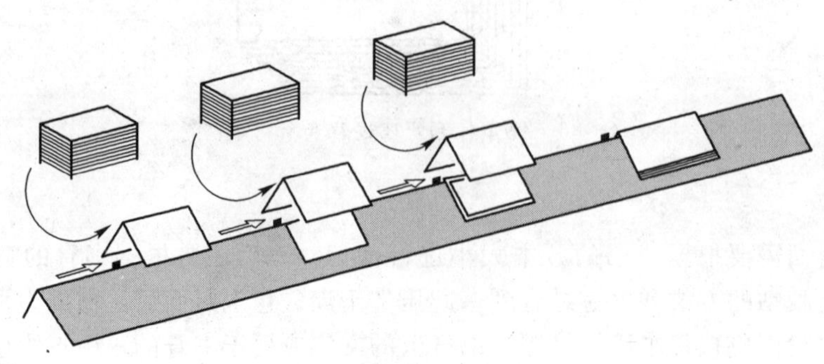

图 4—39 骑马订配页原理

图 4—40　骑马订配页与传送

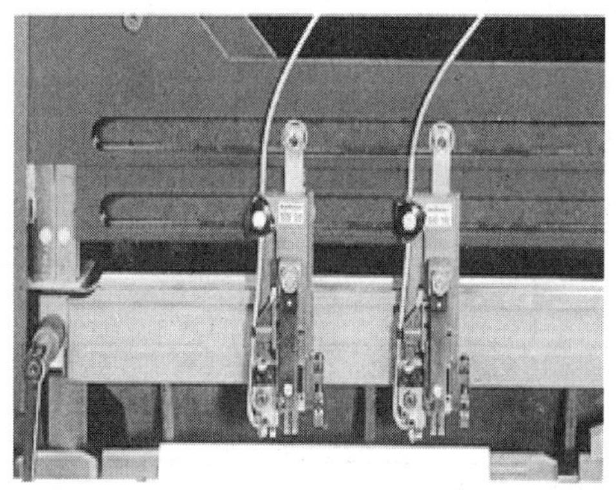

图 4—41　双头铁丝订

2. 无线胶订联动机

无线胶订联动机能够连续完成配页、闯齐、铣背、锯槽、打毛、刷胶、封面加工、包封面、刮背成型、三面切书等工序，使用的胶以热熔胶为主，也可使用冷胶。

平订书的封面是另外加工的，同样在无线胶订联动机上也设有封面加工联动部分，对封面的处理包括压痕（见图 4—42)、上胶和与包封面（见图 4—43)。

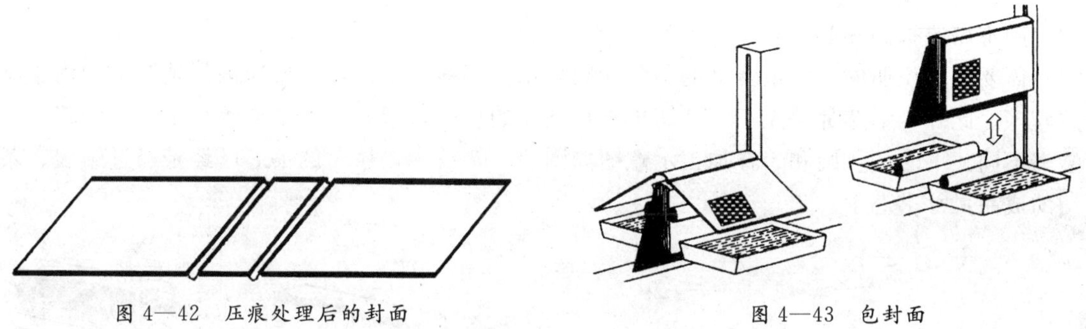

图 4—42　压痕处理后的封面

图 4—43　包封面

包上封面后的毛书经压平和干燥处理后，进入联动的三面切书机上裁切，后面的加工与骑马装订联动机类似。

三、精装书的印后加工

精装书的印后加工工艺比简装书要复杂得多，一般分为书芯的加工、书壳的加工、书芯与书壳的黏合三个工序。精装书的种类也很多，如图 4—44 所示为平脊精装书与圆脊精装书。

较厚的精装书一般都做成圆脊，这是因为书帖经折页后，帖脊都或多或少要厚一点，做成圆脊后可以消除这一厚度差，从而使得书芯更加平整，如图 4—45 所示，做成圆脊后会更加利于厚书的翻阅使用。

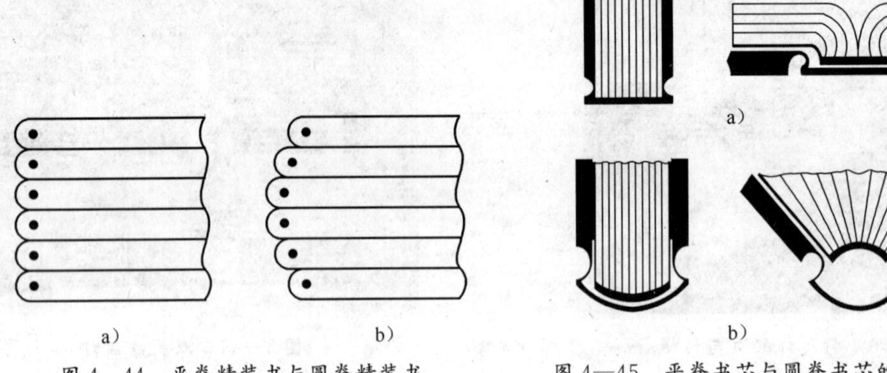

图 4—44　平脊精装书与圆脊精装书

a）平脊精装书　b）圆脊精装书

图 4—45　平脊书芯与圆脊书芯的平整性比较

a）平脊书芯　b）圆脊书芯

1. 书芯的加工

精装书的书芯如图 4—46 所示。其书芯制作的前一阶段和平订简装书装订工艺相同，包括折页、配页、锁线等。在完成上述工作之后，就要进行精装书芯特有的加工过程。书芯为圆脊的，须在前面加工的基础上进行压平、刷胶、干燥、裁切、扒圆、起脊、刷胶、粘纱布、再刷胶、粘堵头布、粘书脊衬纸、再干燥等步骤，以完成精装书芯的加工。书芯为平脊的，则不需要扒圆和起脊。

需要特别说明的是，精装书的书芯一般都采用锁线订工艺，主要原因是精装书的内文帖数较多。此外，书芯都是先三面裁切再进行下面的扒圆、起脊、上书壳等加工，这一点与简装书不同。书芯的扒圆和起脊加工示意图如图 4—47 所示，这时的书芯已经是经过锁线、裁切的成品尺寸书芯了。

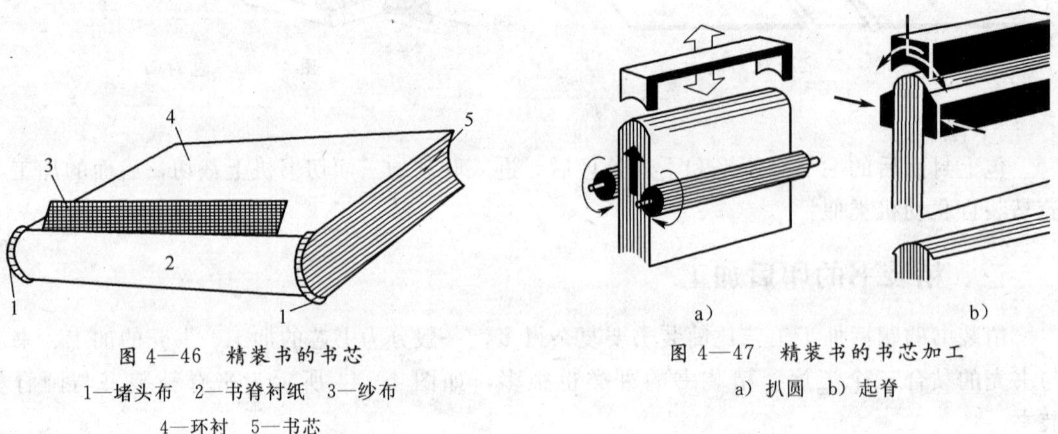

图 4—46　精装书的书芯

1—堵头布　2—书脊衬纸　3—纱布
4—环衬　5—书芯

图 4—47　精装书的书芯加工

a）扒圆　b）起脊

精装书的书芯加工需要经过以下工序。

（1）压平

配好页的书芯各帖锁线后在专用的压书机上进行压平，使书芯结实、平服，以便于后面的加工。

（2）刷胶

用手工或机械刷胶，使书芯基本定型，在下道工序加工时书帖不发生相互移动。

（3）裁切

对刷胶后基本干燥的书芯进行三面裁切，成为光本书芯。

（4）扒圆

由人工或机械把书脊背脊部分处理成圆弧形的工艺过程叫做扒圆。扒圆以后，整本书的书帖能互相错开，便于翻阅，提高了书芯的平整度。

（5）起脊

由人工或机械把书芯用夹板夹紧，在书芯正反两面接近书脊与环衬连线的边缘处压出一条凹痕，使书脊略向外鼓起的工序，叫做起脊，这样可防止扒圆后的书芯变形。

（6）书脊加工

书脊加工包括刷胶、粘书签带、贴纱布、贴堵头布、贴书脊衬纸。贴纱布能够增加书芯以及书芯与书壳的连接强度。堵头布贴在书芯背脊的天头和地脚两端，使书帖之间紧紧相连，不仅增加了书芯装订的牢固性，又使书变得更加美观。书脊衬纸必须贴在书芯背脊中间，不能起皱、起泡。

2. 书壳的制作

书壳是精装书的封面，它增强了精装书的强度和耐磨性，并具有装饰的作用。用一整块面料，将封面、封底和背脊连在一起制成的书壳叫做整料书壳。封面、封底用同一面料，而背脊用另一块面料制成的书壳叫做配料书壳。

做书壳时，先按规定尺寸裁切封面材料并刷胶，然后再将前封和后封的纸板压实、定位（也称摆壳），最后包好边缘和四角并进行压平，即完成书壳的制作。

做好的书壳，在前后封以及书脊上压印书名和图案等。为了适应书脊的圆弧形状，书壳整饰完以后还需进行扒圆。

3. 褙合

把书壳和书芯粘在一起的工艺过程叫做褙合，也叫上书壳。

褙合的方法是先在书芯环衬的一面上涂胶水，按一定位置放在书壳上，使书芯与书壳一面先粘牢固，再按此方法把书芯环衬的另一面也平整地粘在书壳上，整个书芯与书壳就牢固地连接在一起了。最后用压线起脊机，在书的前后边缘各压出一道凹槽，加压、烘干，使书籍更加平整。如果有护封，包上护封后即完成了精装书的整个加工过程。

思考练习题

1. 图 4—48 所示为一个刀式折页机的折页过程，请用一张 A4 纸模仿纸张被折页的情形，看看最后得到一个怎样的书帖。如果印刷的纸张是对开的，经过三次折页得到需要的书帖，那么所要加工的书刊幅面是多大？

2. 在图 4—48 中标明折页刀、折页辊和定位挡板的位置，并将折页的纸张涂成黄色。图中 1、2、3 处各折页辊间的空隙都一样吗？分别应该调节到多少？

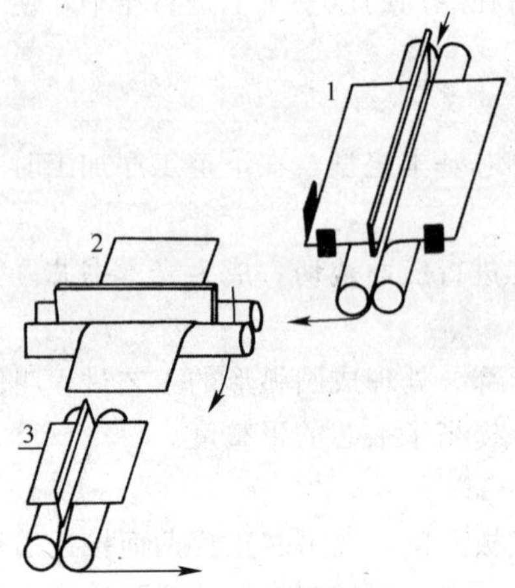

图 4—48　刀式折页机折页过程

3. 图 4—49 所示为三种折页机的结构示意图，指出这三种折页机的类型，并说明图中各部件的名称。

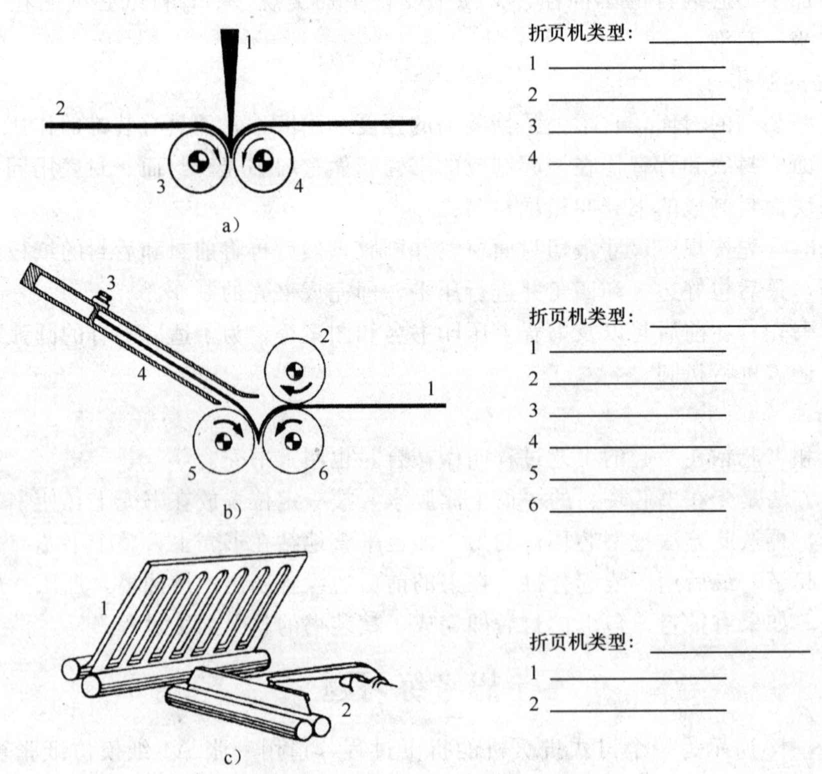

图 4—49　三种折页机的结构示意图

4. 对照图 4—50 说明书刊的印后加工过程和可能使用的设备名称，指出图中（1）～（13）所表示工序的名称。

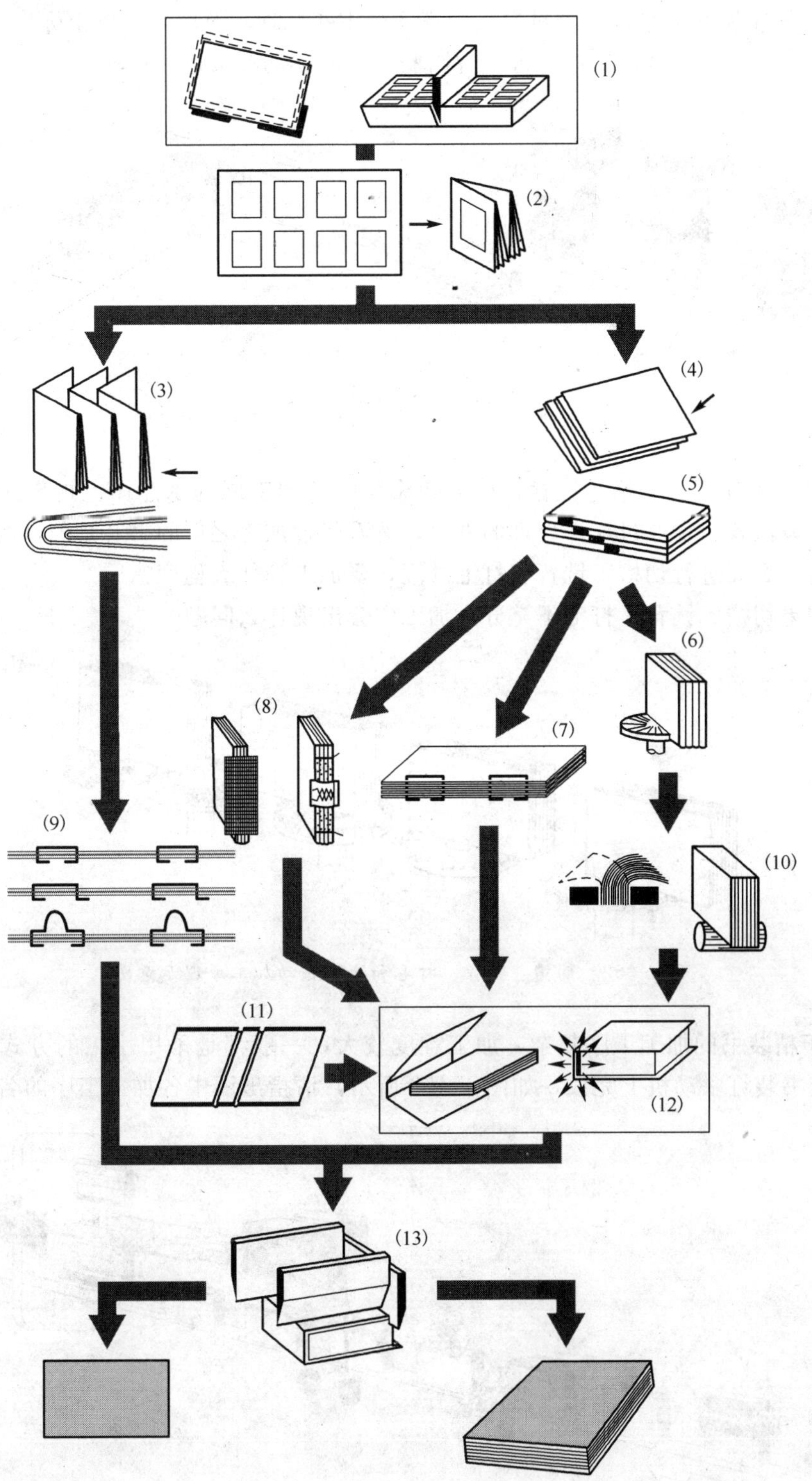

图 4—50　印后加工流程

5. 图 4—51 所示为平订联动机配页闯齐部分工作原理示意图，在图中标出第 1 帖、第 2 帖、第 3 帖的位置。简述配页的过程，并与骑马订的联动配页进行比较。

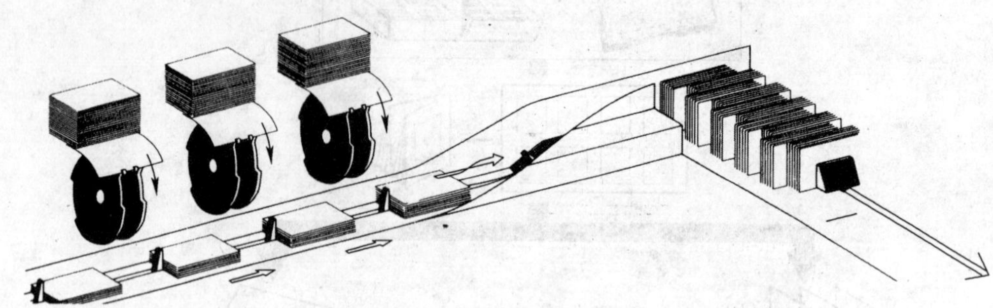

图 4—51　平订联动机配页闯齐部分工作原理示意图

6. 图 4—52 所示为切槽、铣背、打毛和涂胶联动加工原理示意图。指出这些加工在图中的位置，设法找一本经过这样处理的书芯，看看经过加工之后的书芯是怎样的。

(1) 为什么要进行切槽、铣背和打毛处理，要加工到什么程度？

(2) 如果切槽、铣背、打毛不充分，加工中会出现什么问题？

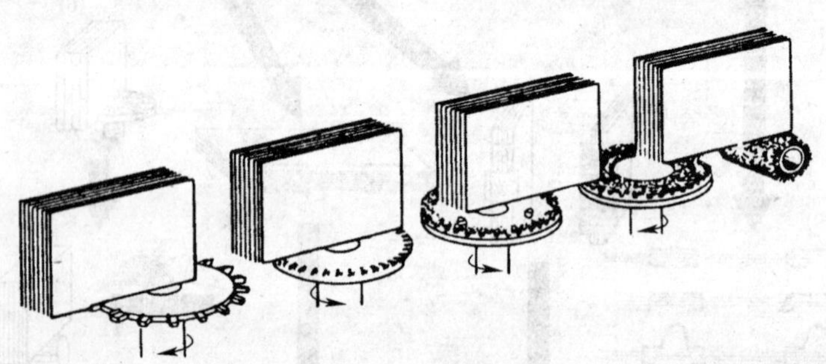

图 4—52　切槽、铣背、打毛和涂胶联动加工原理示意图

7. 由于精装书的加工工序复杂，加工难度较大，一般都是采用手工的方式进行，但也可以在精装书装订联动机上完成，如图 4—53 所示，请指出图中各加工工序的名称和特点。

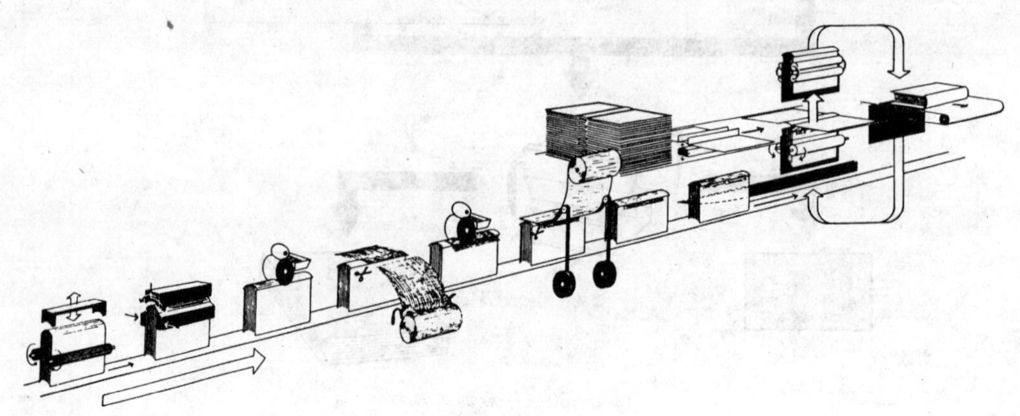

图 4—53　精装书装订联动机工作原理

第五章　包装产品的印制

走进商场我们都会发现，任何商品都离不开包装。包装是商品生产过程在流通过程中的继续。

包装印刷是以美化、识别、宣传商品为主要目的而采用的印刷方式和印后加工处理技术，是应用一般印刷技术成果，在一般印刷技术的基础上发展起来并形成的一个新的印刷工业体系。因此，包装印刷不仅是现代包装的重要组成部分，而且是印刷技术领域的一个新的分支。与书刊、宣传单页的印刷工艺截然不同，包装印刷包括包装设计、包装制版印刷、印后加工整饰三个主要的加工环节，尤其是印后加工整饰环节的模切、上光、烫金、凹凸压印、糊盒等非常复杂。

第一节　包装印刷概述

如图 5—1 所示为盒子、罐子、瓶子、等日常生活中常见的物品。这些物品有一个共性，就是用来进行包装。

图 5—1　各种类型的包装产品

一、包装的作用

从印刷的角度来说，各种类型的包装产品都被称为包装产品或称为包装，由此也可以看出包装的主要功能和作用。

1. 将商品包裹起来免受日晒、风吹、雨淋、灰尘沾染等自然因素的侵袭，从而起到保护作用，同时还可以避免商品挥发、渗漏、溶化、沾污、碰撞、挤压、散失以及盗窃等损失，对一些危险品的包装还可以起到保护环境和人的作用。

2. 把商品装在包装里面，方便了商品的生产、储存、运输、销售和使用，如装卸、盘点、码垛、发货、收货、转运、计数等。有时还要将产品集合到一起装在一个更大的箱子里（甚至是集装箱），从而大大提高商品的使用效率。

3. 商品经过包装还会带来附加功能。好的包装可以提升产品的品位和附加值，能够美化商品、吸引顾客，有利于促销，具有一定的广告功能，可与同类的其他商品相区别。包装设计和发明一样可以申请专利。

二、包装的分类

与种类繁多的商品相对应，包装产品也是各式各样，大体上可以从下面几个方面对包装进行分类。

1. 所包装商品的名称

与商品名称一起组成包装的名称，如糖果包装、牛奶包装、药品包装等。

2. 包装材料

用来制作包装的材料很多，由此也可以对包装进行分类，如纸包装、瓦楞纸包装、铁罐包装、塑料包装、玻璃包装等。

包装印刷行业通常将这些包装类型进一步分为软包和硬包两种，典型的软包就是塑料薄膜包装，硬包包含的种类要多一些，典型的有瓦楞纸包装、硬铁制罐包装等。

3. 包装功能和使用特点

这种分类方式相对比较复杂，且市场越成熟，分类也越细，主要有：

（1）一次性包装

包装只使用一次，如一些食品、饮料的包装。

（2）可重复使用包装

如啤酒瓶、饮料周转箱等。在国外很多这样的包装都会收取一定的押金，所以也称押金包装。

（3）出口包装

专为跨国或跨区商品所做的包装，在制作、文字标识和设计上都有不同的要求，同时还要考虑商品目的地的法律、习惯和信仰等因素。

（4）重物包装

所包装的商品较为特殊且较重。

（5）单体包装

一种很常见和最基本的包装方式，是商品针对最终客户的最小销售单元的包装。

（6）集合包装

主要是为了方便商品的储存、运输和管理而做的包装，它是将已包装的商品个体再进行批量整合包装的一种包装方式，如集装纸箱等。

（7）展示包装

主要用于商品现场销售时的展示陈列，多由瓦楞纸或纸板经过精心设计制作而成。展示包装除了可以作为商品在销售中的货架，同时由于专为某种商品设计制作，在展示现场能很好地烘托商品。这种包装在欧美使用较多，目前在我国基本上还处于起步阶段。

（8）冷冻包装

冷冻包装对包装材料的温度适应性要求较高。

三、包装印刷工艺过程

包装印刷工艺很复杂，主要表现在三个方面：第一，商品的大小、形状不一，它们的包装也都不一样，没有统一的规格和标准流程可言；第二，不同的包装所用的材料也不同，有时一种包装甚至会使用几种材料，这样在一种包装的制作过程中就会使用多种印刷工艺和加工方式；第三，由于包装的销售和广告功能需要，诸多新材料、新工艺和防伪手段被大量使用，也使得包装印刷的工艺更为复杂。一般来说，包装产品的印制需要经过下面的工艺过程：

1. 设计

设计是包装印制最关键的环节之一，包括包装盒型设计和印刷工艺设计等内容。包装设计人员不仅要有印刷专业基本知识，还必须具有一定的美术功底。

2. 印刷

这里所说的印刷包括从图文处理开始的印前制作和在印刷机上的印刷过程。需要注意的是，包装产品的印刷方式除了平版胶印外，还大量采用柔性版印刷、丝网印刷、凹版印刷和一些特种印刷工艺。

3. 包装印后加工

与书刊印刷的印后加工不同，包装印刷的印后加工更为复杂，主要的加工工序有：

（1）覆膜（上光）

作为印刷品表面整饰方式之一，覆膜（上光）可以大大提高印刷品的光泽度，同时对印刷面可以起到很好的保护作用，并增加包装产品的防水性、密封性等性能。

（2）电化铝烫印

电化铝烫印通常也称为烫金。现在人们已经可以进行各种颜色的电化铝烫印加工，既可以烫印文字，也可以烫印一些复杂的图案，甚至是网点图像。

（3）凹凸压印

用一块凹版和对应的凸版，以一定的压力和温度对包装材料进行模压，从而使得印刷品表面形成凸起的具有立体效果的文字或图案。

（4）模切压痕

包装盒、包装袋等的加工都必须进行模切压痕，经过印刷和表面整饰处理的包装产品在模切压痕刀具的作用下被裁切成确定的形状，并在需要折叠的部位压上折痕。

（5）成盒

对于包装盒、包装箱等的加工来说，成盒是包装印制的最后一道工序，成盒有两种方式：一是糊盒和订盒，可以手工完成，也可以通过糊盒机来自动完成；二是折叠纸盒。

包装产品的制作是一个很复杂的过程，但绝大部分的包装制作过程都是在包装印刷企业内完成的。包装印刷也是目前印刷业最重要的分支之一，其创造的产值要占印刷业总产值的一半以上。

四、包装材料

制作包装产品的材料称为包装材料，包括主体材料和辅助材料。例如，包装成衣的手提袋的主体包装材料一般为纸或塑料薄膜，另外还会用到粘胶或者订针等使手提袋成型和稳定的辅助材料。一般所说的包装材料指的是主体材料。用于包装的材料很多，根据材料的材质不同可以分为以下几种：

1. 纸质材料

纸质材料包括纸张、纸板和瓦楞纸等。

纸张与纸板有时难以区分，它们的区别表现在两个方面：一是克重不同，习惯上将250 g以上的纸张称为纸板，250 g以下的则称为纸张；二是纸板在很多情况下都是由两层或两层以上的纸张裱合而成，使用火烧或水泡的方法就能够看到纸板的分层情况，如图 5—2 所示。

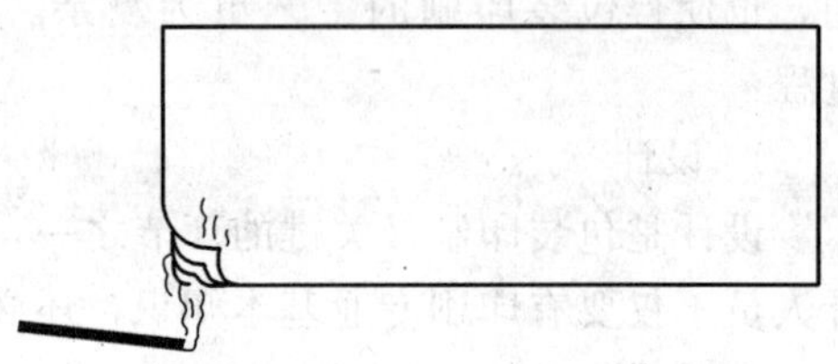

图 5—2 火烧时纸板的分层

瓦楞纸是一种特殊的裱合纸板，是由在瓦楞纸机上压制的瓦楞芯纸与面纸黏合而成，也是包装印刷使用最多的一种材料。包装盒、纸箱等的制作都离不开瓦楞纸。裱合时由于有一层纸张或纸板（称为瓦楞原纸）被压合成瓦楞状，从而大大增加了纸张的强度。这样制作成的包装盒耐压、耐撞击等性能大大提高，可以对所包装的商品起到很好的保护作用，同时堆积、储存、搬运起来也更安全方便。

瓦楞纸的特性来自于两个方面：一是参与裱合的纸张或纸板的特性与层数，二是瓦楞的形状和特性。

瓦楞是纸张或纸板经过瓦楞纸机模压而成的，呈波纹状，其形状一般有三种，如图 5—3 所示。

对于波纹状的瓦楞来说，它的形状和性质直接影响瓦楞纸的强度、挺度等特性，因此人们还特别关注瓦楞的波长 t 和振幅 h，如图 5—4 所示。

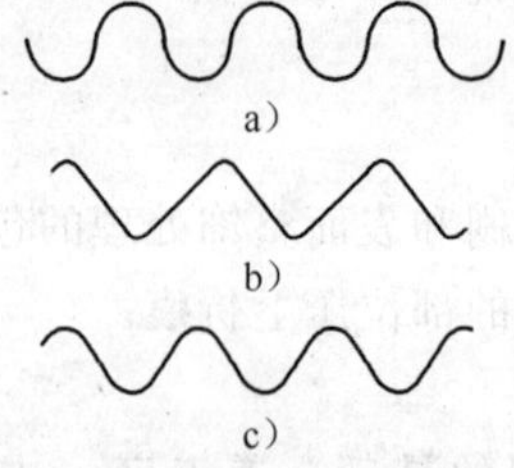

图 5—3 瓦楞的形状

a) U形瓦楞 b) V形瓦楞 c) UV形瓦楞

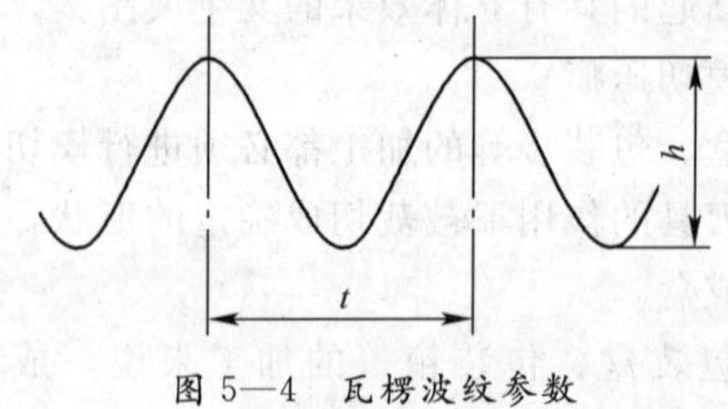

图 5—4 瓦楞波纹参数

在实际生产中，瓦楞纸主要依据其裱合的状况来分类，如图 5—5 所示。依据瓦楞纸所含瓦楞的层数可以这样分类，图 5—5a、b、c 都只有一层瓦楞，称为单瓦楞纸，图 5—5b 为双瓦楞纸，图 5—5e 为三瓦楞纸。

还可以这样分类，图 5—5a 为单层瓦楞纸，只有一层纸或纸板；图 5—5b 为双层瓦楞纸，也称为单面瓦楞纸，由单层瓦楞纸与一纸张或纸板（面纸）裱合而成。以此类推，图 5—5c 为三层瓦楞纸，图 5—5d 为五层瓦楞纸，图 5—5e 为七层瓦楞纸。这些是比较常用的瓦楞纸，且多层瓦楞纸在裱合时瓦楞的方向一致（平行），也有的多层瓦楞纸在裱合时瓦楞的方向垂直交叉，两种裱合方式得到的瓦楞纸的强度和挺度有所差别。

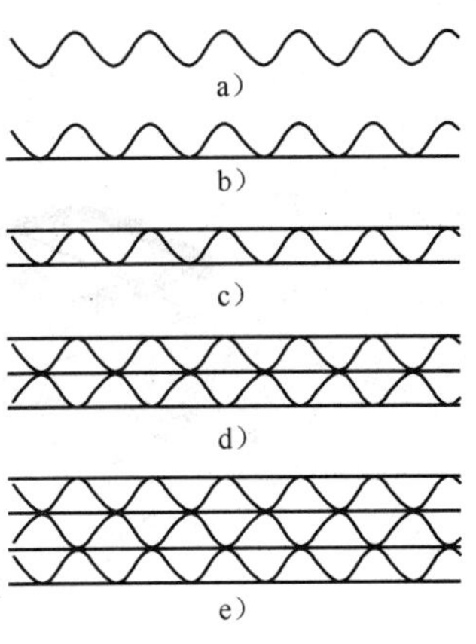

图 5—5　各种类型的瓦楞纸

2. 塑料

塑料也是人们日常生活中接触较多的一种包装材料，如塑料薄膜、塑料瓶、塑料箱、塑料泡沫等，用于包装的塑料主要有聚乙烯、聚丙烯、聚氯乙烯、聚酯、聚酰胺、聚乙烯醇等，其中聚乙烯又分为高密度聚乙烯、中密度聚乙烯和低密度聚乙烯三种，是一种基本无毒的塑料，广泛应用于食品包装领域。

除纸质材料和塑料外，常用的包装材料还有玻璃、陶瓷、金属、木材、纺织品等。

思考练习题

1. 图 5—6 为一台瓦楞纸机工作原理图，对照下面所列出的各部分名称分析一下瓦楞纸的加工过程。所加工的是单瓦楞纸还是双瓦楞纸，是单层瓦楞纸还是双层瓦楞纸？想一想，黏合胶主要涂布在什么部位？是如何黏合的？

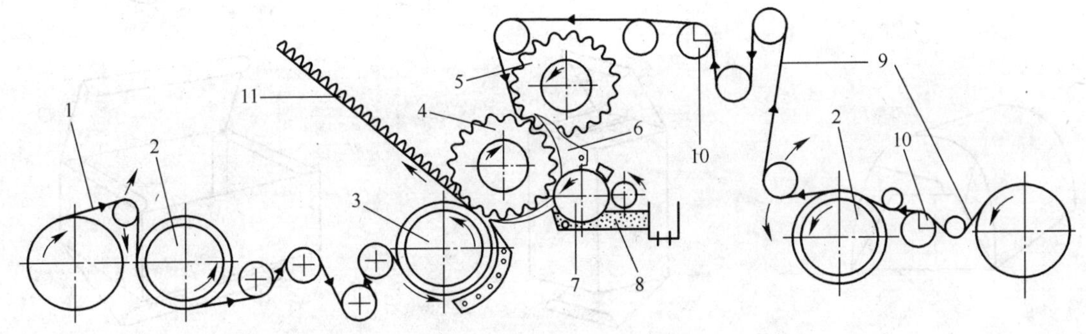

图 5—6　瓦楞纸机工作原理

1—瓦楞面纸　2—预热辊　3—裱合施压辊　4—下瓦楞压制辊
5—上瓦楞压制辊　6—导纸辊　7—黏合胶涂布辊　8—胶料斗
9—瓦楞原纸　10—润湿辊　11—瓦楞纸

2. 找几个瓦楞纸包装盒或纸箱，观察其纵切面，说明瓦楞的形状和瓦楞纸的类型。取一块 20 cm×20 cm 的瓦楞纸，沿相互垂直两个方向弯折，看看有什么不同。

3. 图 5—7 中的两个包装产品可以用什么材料制作？找几个类似的袋子或盒子，将它们展开，想一想其制作过程是怎样的。

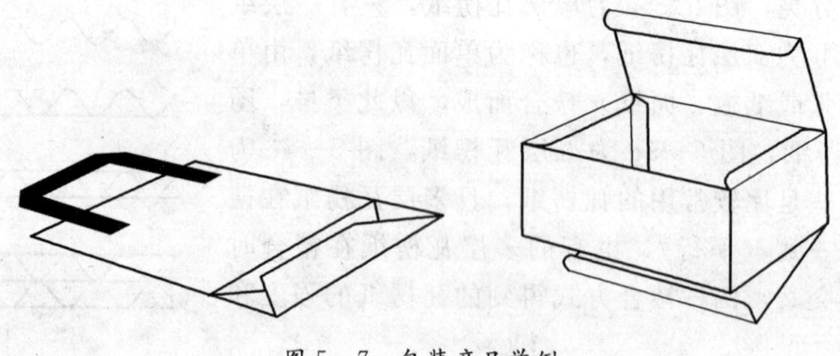

图 5—7　包装产品举例

第二节　包装设计

不同的包装产品都是针对不同的商品，选用不同的包装材料，采取不同的包装印刷加工工艺制成的。图 5—8 所示为各种形状的包装产品，它们在印制之前都要进行必要的设计。从包装印制过程的角度来说，包装设计可以简要地概括为包装盒型设计和包装印刷工艺设计两个方面。

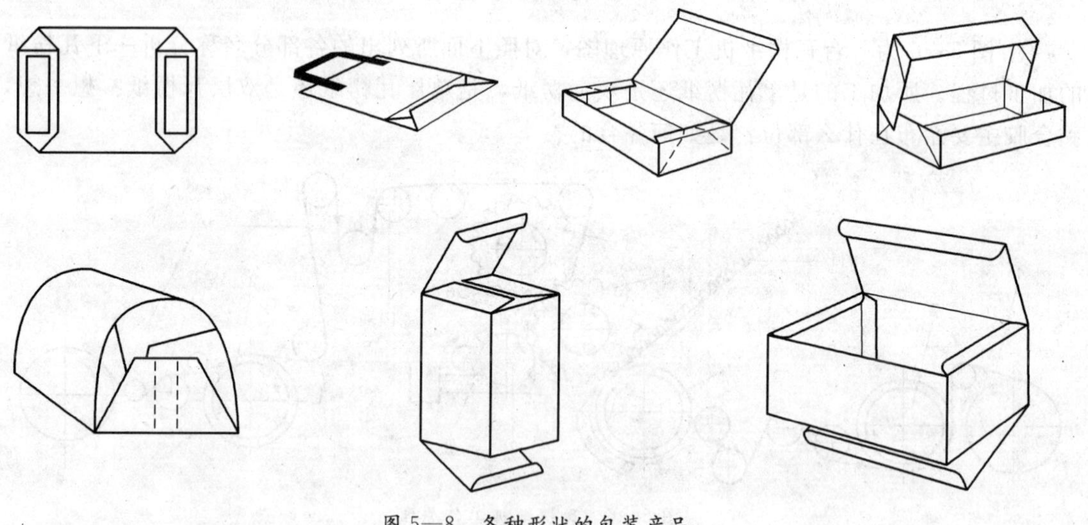

图 5—8　各种形状的包装产品

一、包装盒型设计

如果把图 5—9 所示的盒子拆开便可以得到如图 5—10 所示的一张完整展开样，它的外形是不规则的，其中每一个方格都有确定的尺寸，开槽口的宽度、各线之间的角度也有严格的要求。如果有一个尺寸发生了偏差，那么可能就不能折叠或黏合成一个合格的盒子。这种将目标包装盒的展开样清晰地画在纸上，并标明各种线划加工属性和尺寸的过程就是包装盒型设计。

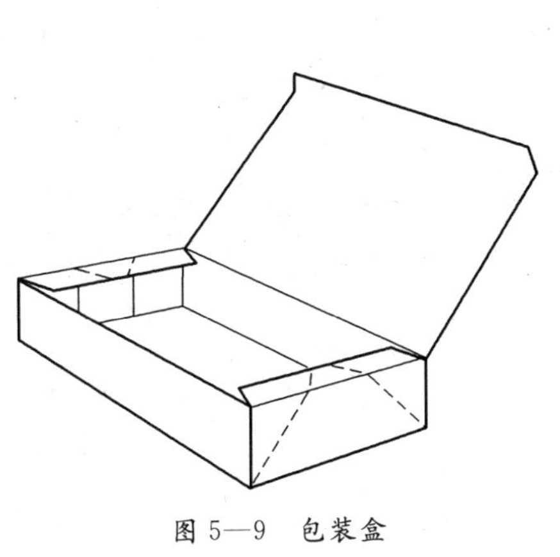

图 5—9　包装盒

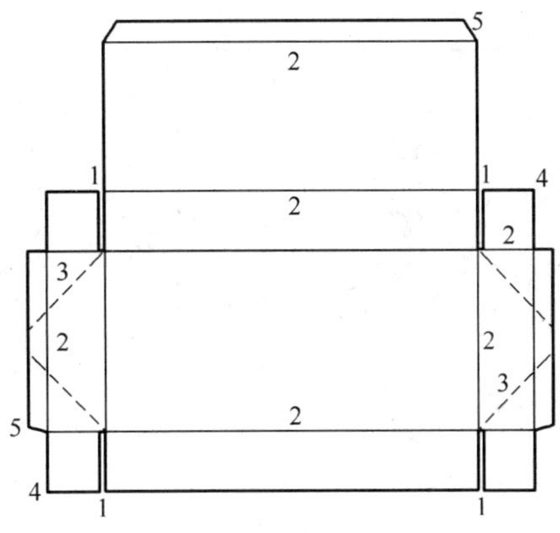

图 5—10　展开的包装盒

在包装盒型设计的图稿中会有很多的线划和数据，这些线划的线型和粗细所代表的加工属性也不同。表 5—1 列出了几种在包装盒型设计中常见的图形要素的线型及含义。包装盒型设计中还要考虑相关美术装潢设计，即在包装盒上需要印刷哪些图案、文字及其效果。

表 5—1　　**图形要素的线型及含义**

线型	名称	含义及要求
	尺寸标记线	线宽 0.25 mm
	模切标记线	线宽 0.35 mm
	压痕标记线	线宽 0.50 mm
	压痕底版线	线宽 2×0.35 mm
	压孔线标记线	线宽 0.35 mm
	包装盒开口线	线宽 0.35 mm
25	内箭头尺寸表示法	
5	外箭头尺寸表示法	
R16	圆弧或圆周半径尺寸表示法	
30°	角度表示法	

续表

线型	名称	含义及要求
1,2 ▼		模切且有切线宽度要求
▼		模切且无切线宽度要求
×2 0.7		×2 为一种代号，表示所加工的参考厚度或宽度 直接数据表示加工的要求厚度或宽度

图 5—11 所示为包装盒型设计图，它由三部分组成：一是图 5—11a 所示的相关代号说明，二是图 5—11b 所示的展开图与相关标注，三是模切版参数表（见表 5—2）。

$\times 1=0.5$　$M_1=2.5$　$e=B-1.5$

$\times 2=0.7$　$M_2=4$　$D=\dfrac{A-J+1}{2}$

$\times 3=0.5$　$v=0.75$

$HF=0.6B+8$　$HL=0.1B+D+6$（最大 $\dfrac{A}{2}$）

a）

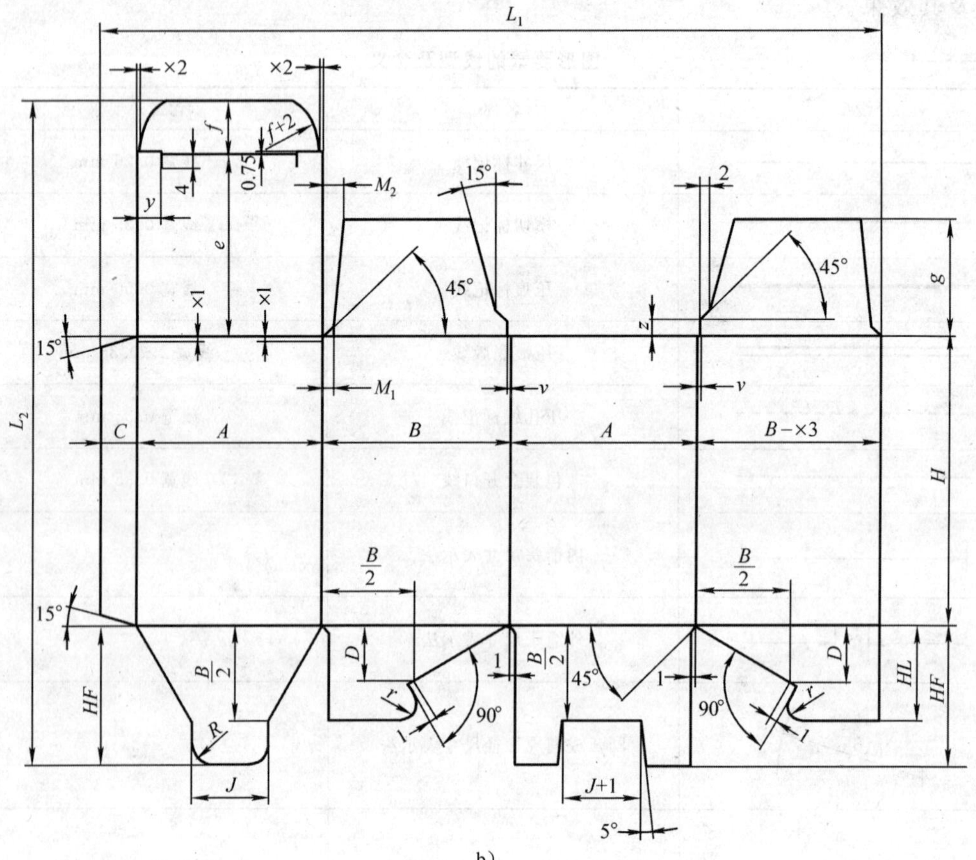

b）

图 5—11　包装盒型设计图

a）相关代号说明　b）展开图与相关标注

表 5—2　　模切版参数表　　mm

刀　具		尺　寸		相关标准值的变更	
模切刀	0.7×23.8	A	120	D=	r=6
压痕条	0.7×23	B	80	HF=	R=10
开槽刀		H	160	HL=	e=
孔刀		f	25	×1=	g=25
模切版拼版 x 方向	3	J	60	×2=	y=7
中间留空	0			×3=	z=10
模切版拼版 y 方向	2			M_1=	C=15.5
中间留空	0			M_2=	v=

注：纸板克重为 500 g/m^2。

有了这样的包装盒型设计稿，制模切版制作人员就可以制模切版并制作盒样了。盒型设计中还应考虑包装盒的成盒形式，即展开样如何形成纸盒。成盒形式主要有两种：一是糊盒和订盒，就是使用胶粘或订针订合的形式成盒；另一种是折叠纸盒，不使用任何订合辅助材料，只是通过折叠的方式成盒。

二、包装印刷工艺设计

包装印刷工艺设计就是以包装盒型设计和美术装潢设计为依据，以现有的设备和技术手段为基础，制定该包装产品具体的印刷加工工艺和生产流程。包装印刷工艺设计主要针对的是包装产品上的图像、文字要素的制版、印刷和上光、覆膜、烫金、凹凸压印等表面整饰加工工艺。

思考练习题

1. 指出图 5—10 中代号 1～5 所表示的含义。
2. 包装纸盒的成盒形式主要有哪两种？找到这两种纸盒，并比较它们的异同。
3. 结合表 5—1 和表 5—2，对图 5—11 所示的包装盒型设计图作详细解读。

第三节　包装制版与印刷工艺

包装产品的印刷工艺往往比较复杂，工艺方式也多种多样，除了平版胶印外，还有柔性版印刷、丝网印刷、凹版印刷等。

一、柔性版制版与印刷工艺

柔性版印刷是一种凸版印刷，也是近年来在包装印刷领域发展较快的一种印刷方式，由于其版材柔软、印刷压力小、速度快、印刷适应性好，被广泛用于塑料、瓦楞纸、纸巾等材料的印刷。

柔性版的制版方法有冲洗法和激光雕刻法两种，激光雕刻法多用来直接制作滚筒式柔性印版，如图 5—12 所示；冲洗法得到的印版要实现滚筒印刷还需要将印版粘贴到柔印机印版滚筒上。

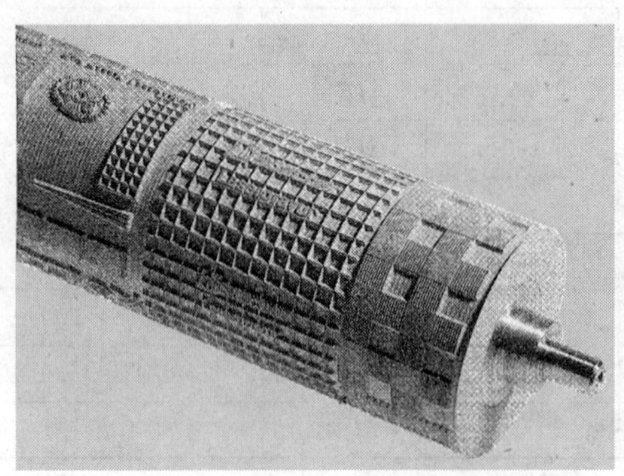

图 5—12　滚筒式柔性印版

1. 柔性版版材与制版工艺

常用的柔性版版材有单层柔性版、多层柔性版和计算机直接制版柔性版。多层柔性版的版材结构如图 5—13 所示，它主要由感光树脂层、支持稳定层、底基层和上下聚酯保护层组成。其中，感光树脂层是版材的核心，在紫外光作用下会发生光聚合反应而硬化；支持稳定层使版材保持一定的强度和稳定性；底基层也是一层感光层，在制版时其硬度通过预曝光加以控制，是印刷时的压力缓冲层，有助于得到均匀的印刷压力；上下聚酯保护层处在版材的最外层，防止版材蹭脏或被外力划伤而影响使用。单层柔性版的版材结构如图 5—14 所示。计算机直接制版柔性版一般为滚筒形，主要使用计算机控制激光雕刻法制版，而单层柔性版和多层柔性版一般采用化学冲洗法制版。三种柔性版的厚度和硬度依需要可以有所变化。

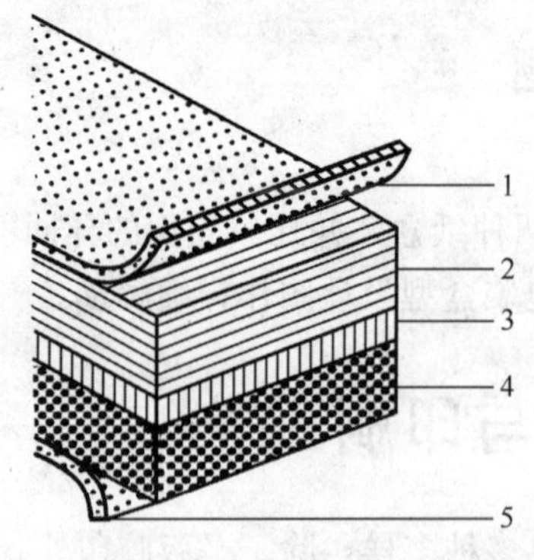

图 5—13　多层柔性版的版材结构

1—上保护层　2—感光树脂层　3—支持稳定层　4—底基层　5—下保护层

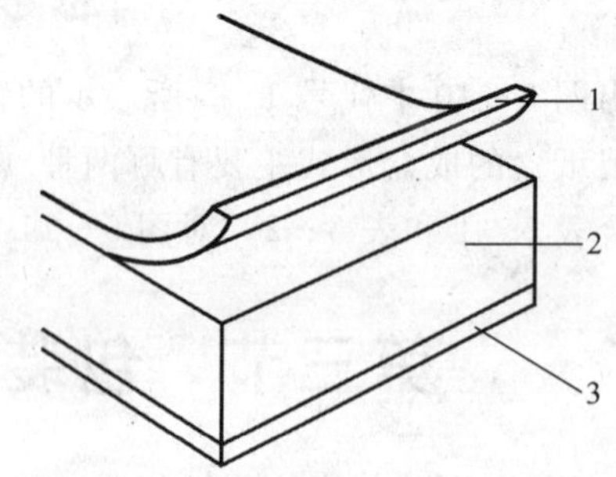

图 5—14　单层柔性版的版材结构

1—保护层　2—感光树脂层　3—支持稳定层

多层柔性版冲洗法制版工艺流程：晒版片准备→版材准备→预曝光→主曝光→冲洗显影→干燥→去黏→补曝光，如图 5—15 所示。

（1）晒版片准备

柔性版晒版用的晒版片都为正阴片，晒版片准备内容包括拼版、检查胶片质量和图文完

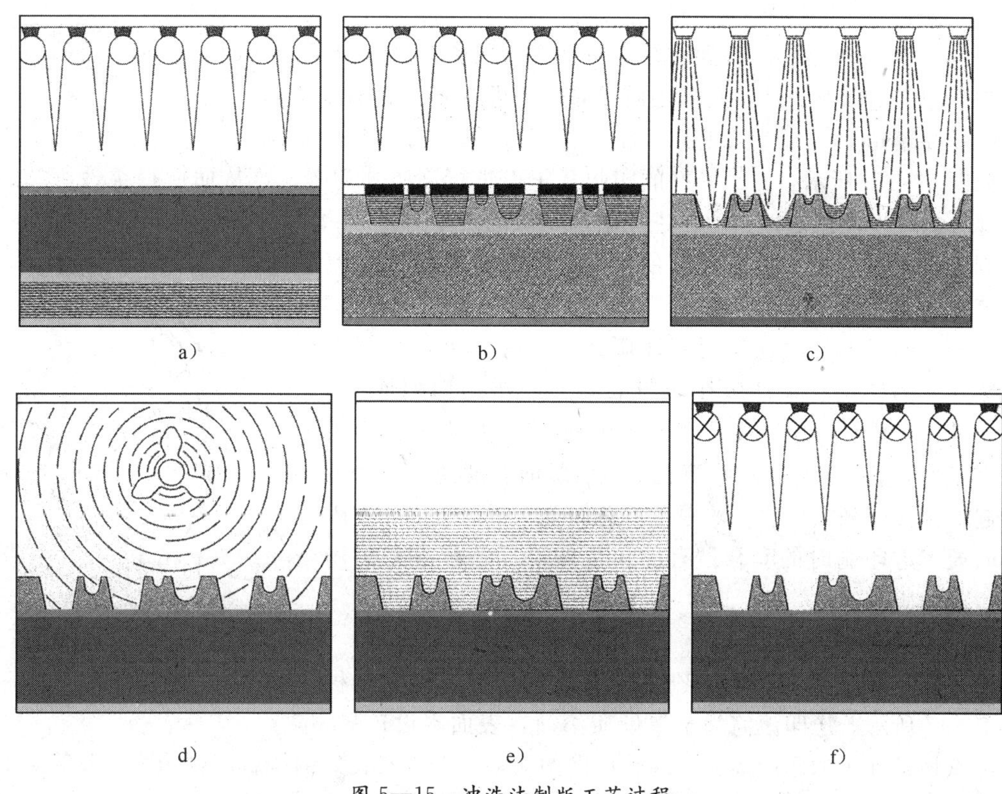

图 5—15　冲洗法制版工艺过程

a) 预曝光　b) 主曝光　c) 冲洗显影　d) 干燥　e) 去黏　f) 补曝光

整性等。

(2) 版材准备

根据印刷幅面裁切印版，版面周边要留出 10～12 mm 的空白余量，便于晒版操作和印刷时的装版。

(3) 预曝光

预曝光也称为背面曝光，如图 5—15a 所示。从版材背面对印版进行满版曝光，使得版面的底基层发生均匀硬化，硬化的程度可以通过曝光量控制。通过预曝光可以增加版基的稳定性、印刷时压力的均匀性和加强支持稳定层与感光树脂层的黏附力。

(4) 主曝光

与 PS 版的晒版过程类似，主曝光是在真空晒版机中完成的，如图 5—15b 所示，将阴图胶片与印版紧密接触曝光，图文部分感光层见光硬化，空白部分则不发生光化学反应。

(5) 冲洗显影

显影使用的是可以溶解未见光部分感光层树脂的化学溶剂，形成凸起的浮雕图文，如图 5—15c 所示。使用的设备为专用的冲版机，溶剂的浓度与冲洗时间决定印版显影的质量。

(6) 干燥

溶剂残留在柔性版上会使版材吸收溶剂而膨胀，所以需要通过流动的热风使印版排出溶剂，从而恢复版材的原有厚度和弹性，如图 5—15d 所示。

(7) 去黏

如图 5—15e 所示，一般通过浸泡一种专用的去黏液来降低版面固化感光胶层的表面黏性，增强印版的印刷适性，去黏之后要对印版进行充分的水洗。

(8) 补曝光

如图 5—15f 所示，对干燥好的印版从正面进行满版均匀曝光，从而使得柔性版凸起的图文部分的硬度和稳定性增加，进而增加印版的耐印力。

制版过程中的三次曝光虽然使用的光源都是紫外光，但三种紫外光及其曝光方式有所区别。

制成的印版上机时还需要在印版滚筒上做拼贴，以实现圆压圆方式的印刷。柔性版在印版滚筒上的拼贴如图 5—16 所示，其中，黏合胶层厚度为 0.3 mm，这是一层双面强力胶带，将印版牢牢固定在印版滚筒上；柔性版的厚度为 2.7 mm，即凸起的图文面到版材底部的厚度；总厚度为 3 mm。柔性版拼贴时要考虑印刷时的套合，有的包装印刷厂还配有专门用来贴版的贴版机。

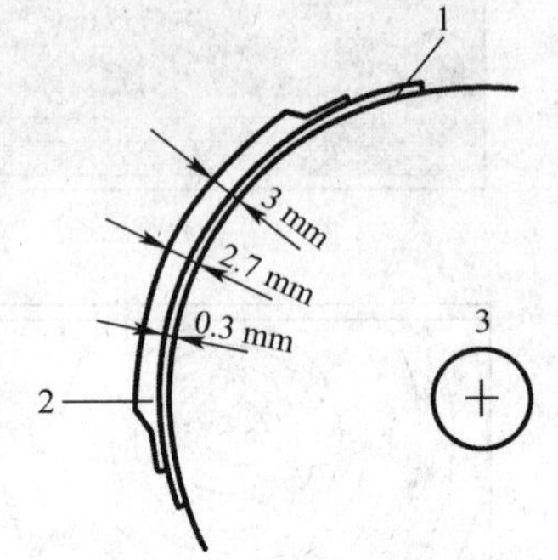

图 5—16 柔性版在印版滚筒上的拼贴

1—黏合胶层 2—柔性版 3—印版滚筒

2. 柔性版印刷工艺

柔性版印刷是目前凸版印刷的主要形式，它的印刷过程如图 5—17 所示。压印滚筒为金属硬质滚筒，表面不设包衬，与贴有软性柔性版的印版滚筒实现软压硬的滚压，并具有良好的接触印刷压力，卷筒式的承印物从两滚筒之间穿过并被印刷，可以达到很高的印刷速度。

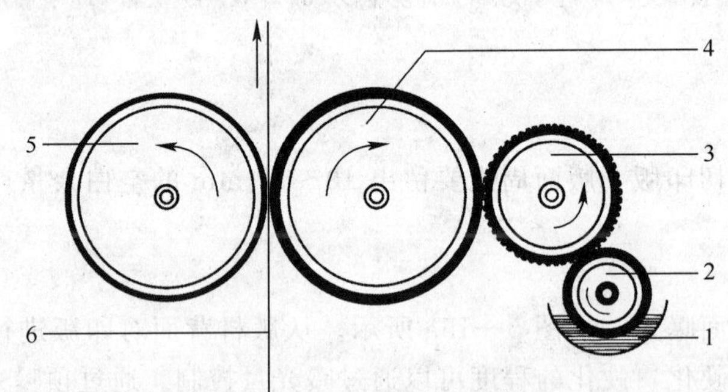

图 5—17 柔性版印刷过程

1—墨斗 2—墨斗辊 3—着墨辊 4—印版滚筒 5—压印滚筒 6—承印物

柔性版印刷机的供墨装置有两种：一是胶辊供墨装置（见图 5—17），由墨斗、墨斗辊、着墨辊等部分组成；另一种为网纹辊供墨装置（见图 5—18），由刮刀和网纹辊两部分组成，其结构更简单，供墨效率也更高。根据使用的刮刀不同又分为两种，其中图 5—18a 为正刮刀网纹辊供墨装置，刮刀的指向与网纹辊的旋转方向一致；图 5—18b 为反刮刀网纹辊供墨装置，刮刀的指向与网纹辊的旋转方向相反。相比较而言，正刮刀的压力要小于反刮刀，对网纹辊的磨损也小些。网纹辊是一种金属或陶瓷材料的表面刻有均匀网孔的辊子或滚筒，如图 5—19 所示，所刻网孔的线数和深度决定了网纹辊供墨的墨量，网孔线数越高则供墨墨层越薄。一台柔性版印刷机一般都会配有多种线数（600～1 200 线/cm）的网纹辊，以适应不同产品的印刷需求。网纹辊在其他印刷形式的印刷机中也广为使用。

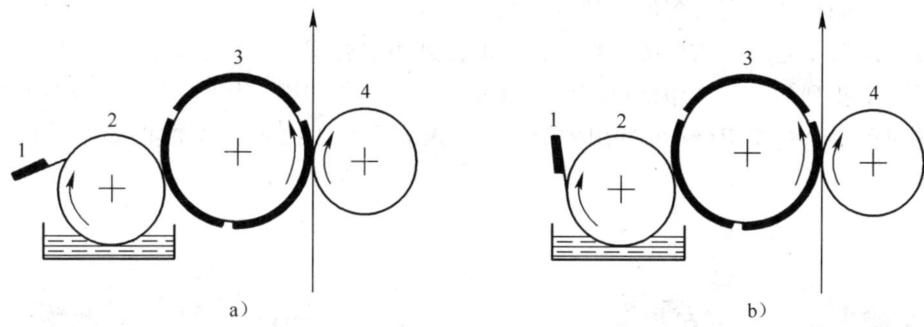

图 5—18 网纹辊供墨装置

a）正刮刀网纹辊供墨装置 b）反刮刀网纹辊供墨装置

1—刮刀 2—网纹辊 3—印版滚筒 4—压印滚筒

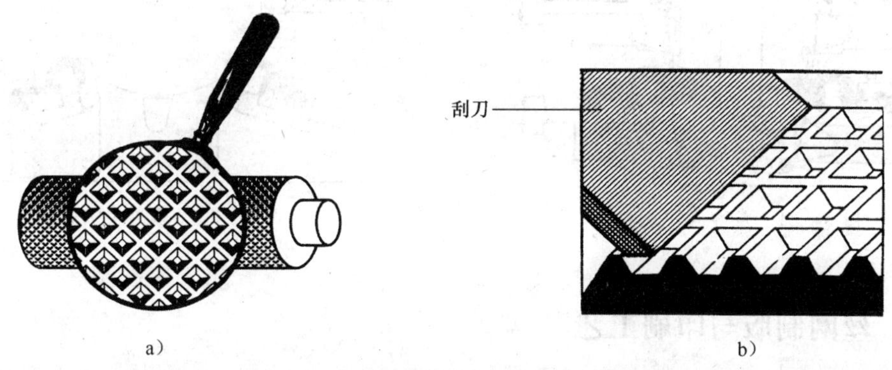

图 5—19 网纹供墨辊结构与工作原理

a）网纹辊表面放大 b）网纹辊工作原理

3. 柔性版印刷机

柔性版印刷机都为多色印刷机，依据各色组的排列方式，柔性版印刷机又分为机组式印刷机（见图 5—20）、层叠式印刷机（见图 5—21）和卫星式印刷机（见图 5—22）。

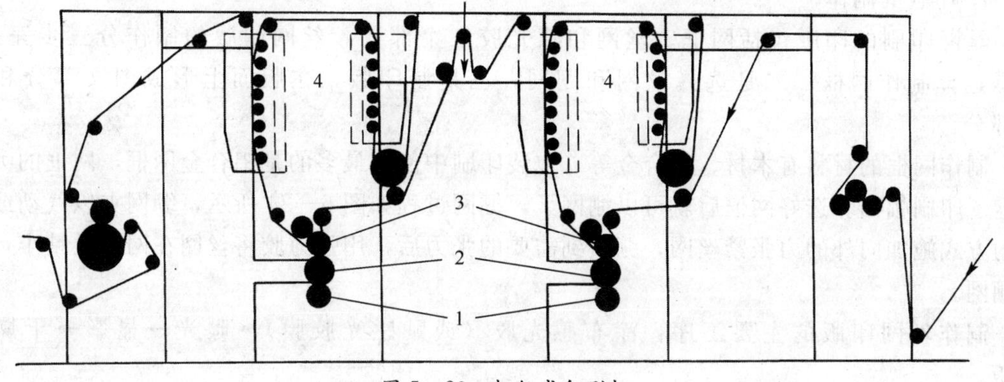

图 5—20 机组式印刷机

1—网纹传墨辊 2—印版滚筒 3—压印滚筒 4—干燥装置

机组式柔性版印刷机各色组的排列与机组式胶印机类似，图 5—20 所示为一台用于双色的机组式印刷机的示意图，两个色组并行排列，各完成一个色的印刷。机组式柔性版印刷机是目前包装印刷行业使用最多的一种柔印机。

图 5—21 所示是一台六色柔印机，色组的排列为层叠式。与机组式不同的是图中六个印刷色组是上下排列的，一次印刷过程就可以完成单面六色印刷。如图 5—22 所示，卫星式柔性版印刷机的六个色组 P1～P6 共用一个大压印滚筒，承印物通过这个印刷过程可以实现单面六色印刷。

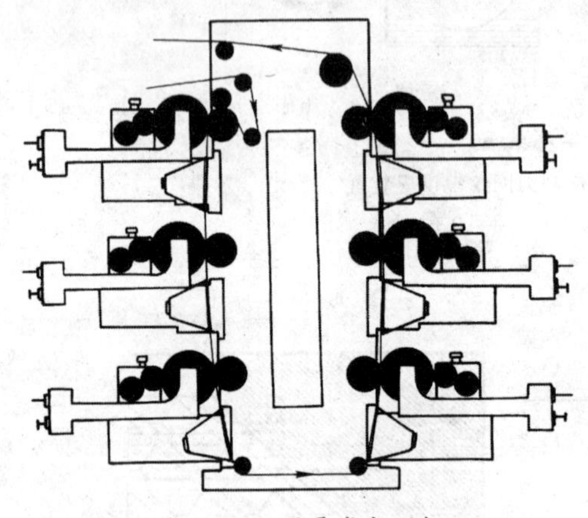

图 5—21　层叠式印刷机

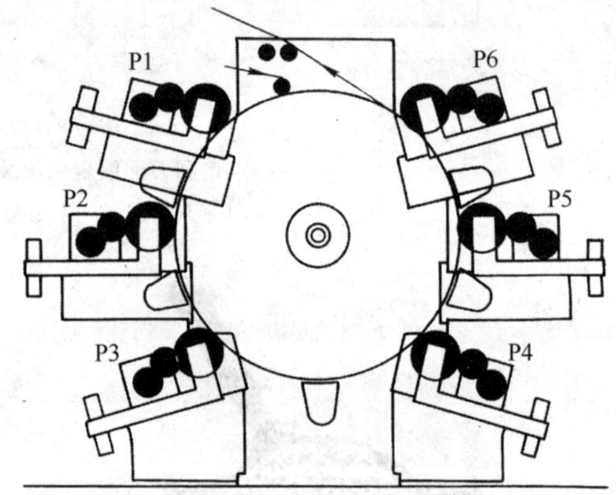

图 5—22　卫星式印刷机

二、丝网制版与印刷工艺

如图 5—23 所示，丝网印版上的图文部分由通透的网眼组成，空白部分的网眼则是覆盖封闭的。印刷时油墨涂刷在印版上，承印物放在印版下，通过在版面上刮墨，使油墨透过网孔，转印到承印物上从而得到印刷品。

丝网印刷在包装印刷领域也是一种很常用的印刷方式，尤其是在烟酒包装、不干胶、标牌等的印刷制作中。

1. 印版的制作

丝网印刷的印版包括网框、丝网和感光胶三个部分。丝网印版的制作分三步完成：一是选择制作网框；二是选择丝网和绷网；三是制印版，在版面上形成图文部分和空白部分。

制作网框的材料有木材、铝合金等，包装印刷中使用最多的是铝合金网框，网框的大小决定了印刷幅面。选好网框后就可以绷网了，绷网过程如图 5—24 所示，绷网夹以气动或机械的方式施加向外的力张紧丝网，绷紧到需要的张力后，用强力胶将丝网在网框上粘牢，完成绷网。

制作丝网印版的主要工序：涂布感光胶（或贴感光胶膜）→曝光→显影→干燥→修版。

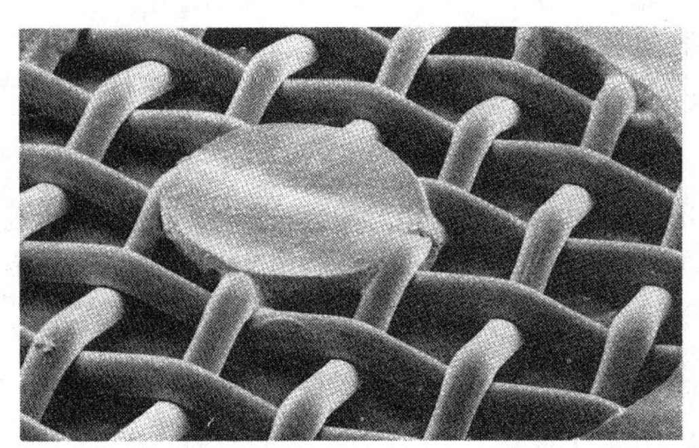

图 5—23　丝网印刷的印版版面放大

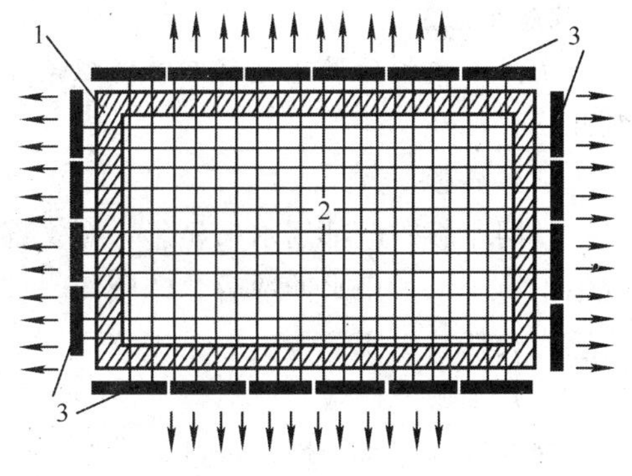

图 5—24　丝网印版绷网过程
1—网框　2—丝网　3　绷网夹

(1) 涂布感光胶或贴感光胶膜

丝网印版的感光胶是一种见光硬化的感光胶，依据感光胶不同的形成方式，可以将丝网印版制版分为直接法、间接法和直间法三种方式，如图 5—25 所示。

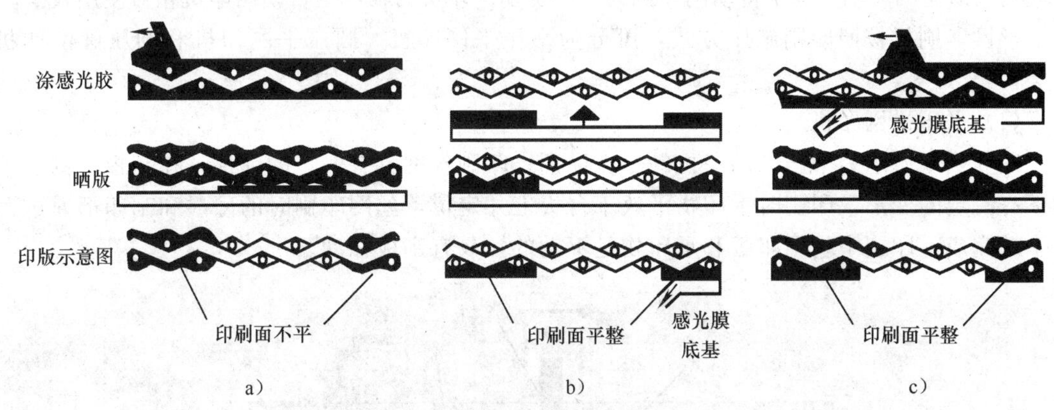

图 5—25　三种丝网印版制版方式比较
a) 直接法　b) 间接法　c) 直间法

直接法制版是将调配好的液体感光胶用专用刮板直接均匀涂布到丝网上，为了保证涂布层的厚度和均匀性，一般要在丝网的两面多次刮涂，涂层干燥后进行曝光。间接法制版的感光膜层是预制的，将感光膜直接进行曝光显影处理后，再贴到丝网上，完成丝网印版的制版全过程。间接法制版工艺简单，膜层均匀，只是感光膜层只存在于丝网的一面（与承印物接触的面），膜层在印刷中的牢度要比直接法差。直间法制版则结合前面两种制版方式的优点，在丝网的印刷面采用间接法贴一层感光膜，在丝网的刮版面涂布感光胶后再进行晒版处理。直接法制版得到的印版因印刷面带有丝网的纹路而不平整，间接法和直间法的印版印刷面是由贴膜得到，要平整得多。

(2) 曝光

丝网印版的曝光使用紫外光，晒版胶片紧贴印版的印刷面曝光，感光层见光发生光化学反应，硬化形成印版的空白部分。图文部分的感光胶则不见光没有变化。

【想一想】

由丝网印版的曝光过程来看，丝网印刷晒版用的胶片的特性是怎样的？与平版胶印的晒版片一样吗？

（3）显影

丝网印版一般都用水来显影，图文部分未见光的感光胶溶于水，而空白部分硬化的感光胶则不溶于水。用水冲洗后，印版图文部分的网孔就会通透，而空白部分的网孔因为有硬化的感光胶就被封闭了。

（4）干燥及修版

处理好的印版干燥后经过适当修整便可以用来印刷了。

2. 丝网印刷机

丝网印刷机的印刷速度和自动化程度一般都不高。依据其自动化程度的不同，丝网印刷机可分为手动网印机、半自动网印机和全自动网印机。手动网印机的刮印和承印物输入、输出都由人工完成；如果印刷机的刮印由机械控制自动完成，而承印物的输入、输出由人工完成，则为半自动网印机；全自动网印机的刮印和承印物输入、输出都由机械自动控制完成。包装印刷行业使用的丝网印刷机以半自动网印机为主，手动网印机为辅，全自动网印机相对使用较少。

丝网印刷机按照印刷施压方式，可分为平压平网印机、圆压平网印机和圆压圆网印机三类。

（1）平压平网印机

图 5—26 所示为平压平网印机的工作原理，印刷丝网具有一定的弹性，在刮板的刮压下向下有一定的变形，印刷时承印物平放于台板上并定位，丝网印刷时的回墨和刮印都通过刮板手动完成，印刷中丝网印版和承印物是不动的，只有刮板移动。

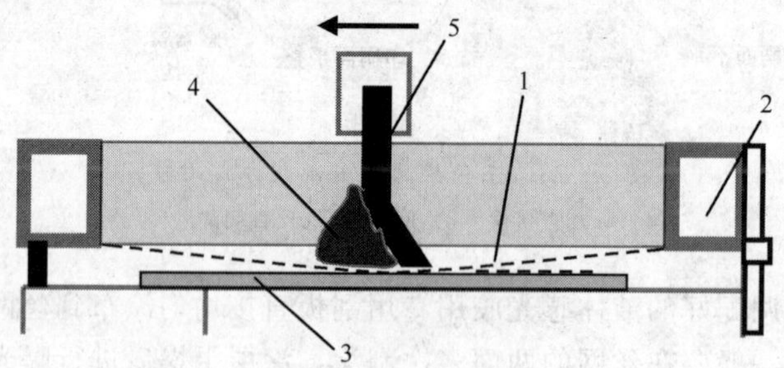

图 5—26　平压平网印机的工作原理

1—印刷丝网　2—网框　3—承印物　4—油墨　5—刮板

（2）圆压平网印机

圆压平网印机的工作原理如图 5—27 所示。印刷时，压印滚筒带动承印物与丝网印版一起同步向一个方向移动。刮板则保持固定，并以一定压力刮压丝网印版，从而将油墨转移到下面的承印物上。这种丝网印刷机一般为半自动印刷机，丝网印版做往复水平移动，压印滚筒则做间隙转动，转动的弧长与丝网印版的印刷幅面相统一。

（3）圆压圆网印机

圆压圆网印机有两种形式。第一种如图5—28所示，丝网印版为滚筒形或圆弧形，刮板的刮口形状与丝网印版圆弧面形状一致，承印物为圆弧形的容器或者包裹在滚筒上，印刷时丝网印版与承印物不动，靠刮板刮压移动完成印刷。这种印刷机主要用于一些特殊形状（圆柱体或曲面）单体的印刷。第二种如图5—29所示，丝网印版是一个丝网滚筒，下面设一个与之对滚的压印滚筒，印刷刮板安装在印版滚筒的空心轴上，印刷时印版滚筒和压印滚筒连续转动，承印物以卷筒形式印刷，而刮板固定不动，从而实现对丝网印版的刮印。印刷机采用循环方式提供油墨，并由空心轴导入到印版上。这种圆压圆网印机也是目前全自动丝网印刷机的主要形式。

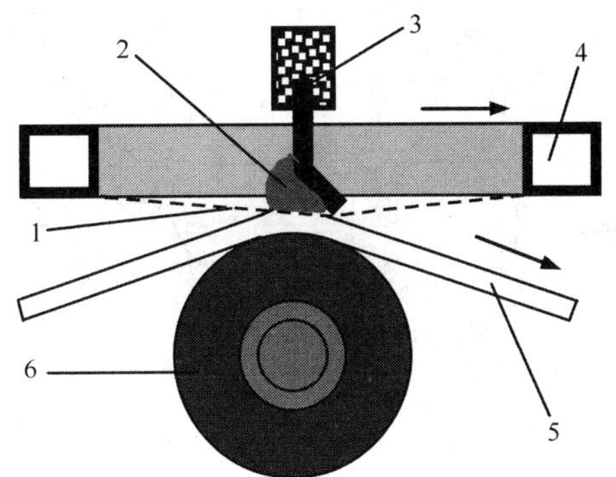

图5—27 圆压平网印机工作原理

1—丝网印版 2—油墨 3—刮板 4—网框 5—承印物 6—压印滚筒

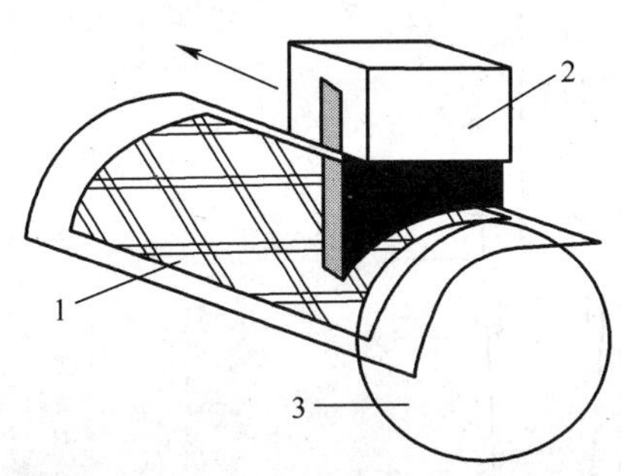

图5—28 圆压圆网印机（单体印刷）

1—丝网印版 2—刮板 3—承印物

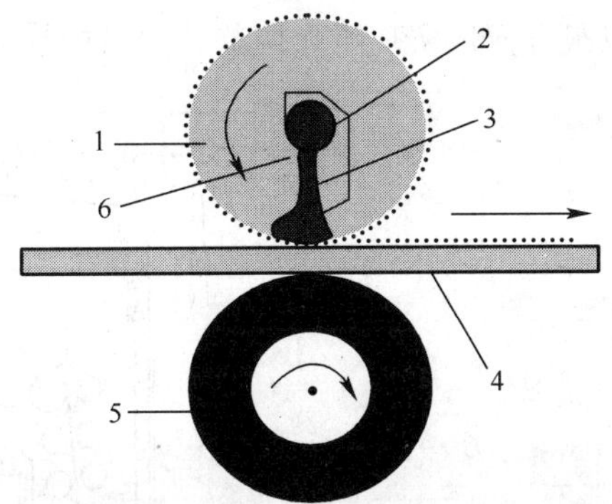

图5—29 圆压圆网印机（卷筒印刷）

1—印版滚筒 2—空心轴 3—刮板 4—承印物 5—压印滚筒 6—供墨装置

三、凹版制版与印刷工艺

1. 凹版印刷原理与制版

凹版印刷一直以来广泛用于塑料薄膜的彩色印刷和带防伪功能的有价证券的印刷，其基本的印刷过程如图5—30所示。凹版印刷是一种直接印刷，印刷单元由印版滚筒和压印滚筒组成，承印物以卷筒方式居多，印版滚筒直接与墨斗中油墨接触而吸取油墨，并通过刮板刮去版上空白部分的油墨，而凹下去的图文部分则填满了油墨，进入压印区压印后，这些油墨会大部分转移到承印物上。凹版印刷的油墨较稀，印刷完成后承印物需进入凹印机的干燥部分进行干燥。

凹版制版方法有两种：化学腐蚀法制版和激光雕刻法制版。制得的印版上图文部分都为大小或深浅不同的孔穴，以此形成印刷图文深浅不同的印迹。

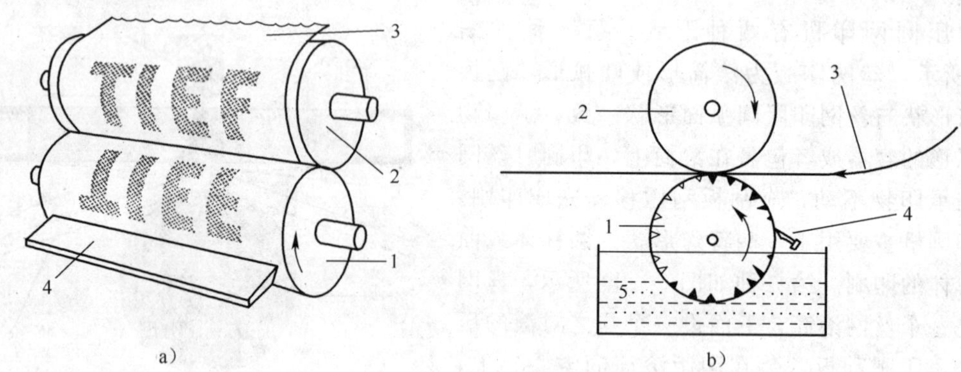

图 5—30　凹版印刷过程

1—印版滚筒　2—压印滚筒　3—承印物　4—刮板　5—墨斗

2. 凹印机

凹印机有卷筒凹印机和单张凹印机两种，包装印刷领域广泛用于塑料薄膜印刷的凹印机都是卷筒凹印机，这种凹印机以机组式排列实现正反面多色高速印刷。图 5—31 所示为典型机组式凹印机的一个机组结构。压印滚筒与上面压力调节机构相连接，对于不同厚度的承印物可以很方便地实现压力调节。大量的导辊用以实现承印物的传导和变向，在输出端处还设

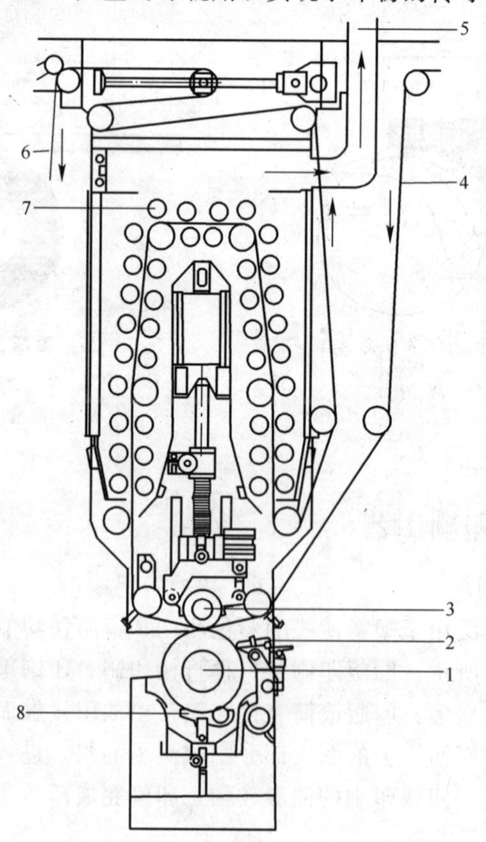

图 5—31　典型机组式凹印机的一个机组结构

1—凹版滚筒　2—刮板　3—压印滚筒　4—承印物输入　5—排风口

6—承印物输出　7—干燥部分　8—循环供墨装置

有张力控制装置，保证印刷时必要的张力控制，并可以调节印刷中的套印。干燥部分一般会采用热风或加热辊加热干燥，图中分布于承印物两边成对排列的辊子都为加热辊，干燥挥发出的有害溶剂等由排风口排出。凹印机支持循环供墨装置，墨斗中的油墨直接与凹版滚筒接触供墨。由此可见凹印机的印刷机构相对简单，印刷中的控制也比胶印简单得多，印刷质量、墨色都很稳定，不失为一种理想的大批量包装印刷解决方案。

思考练习题

1. 在图 5—15 中找出晒版胶片，并标明其图文部分和空白部分。
2. 参照图 5—15，说明柔性版的图文部分与空白部分在制版过程中是如何得到的。
3. 制版中补曝光结束后就得到最终的柔性版印版，说明其版面特性。
4. 制版过程中三次曝光的作用分别是什么？预曝光的强度和曝光时间对印版会有什么影响？
5. 图 5—32 和 5—33 所示为两种典型的凹版印版示意图，请在各图上部的网格中画出相应部位可能的印刷效果。分析 下凹版印刷通过什么方式实现墨色深浅不一、层次丰富的图像和文字复制。

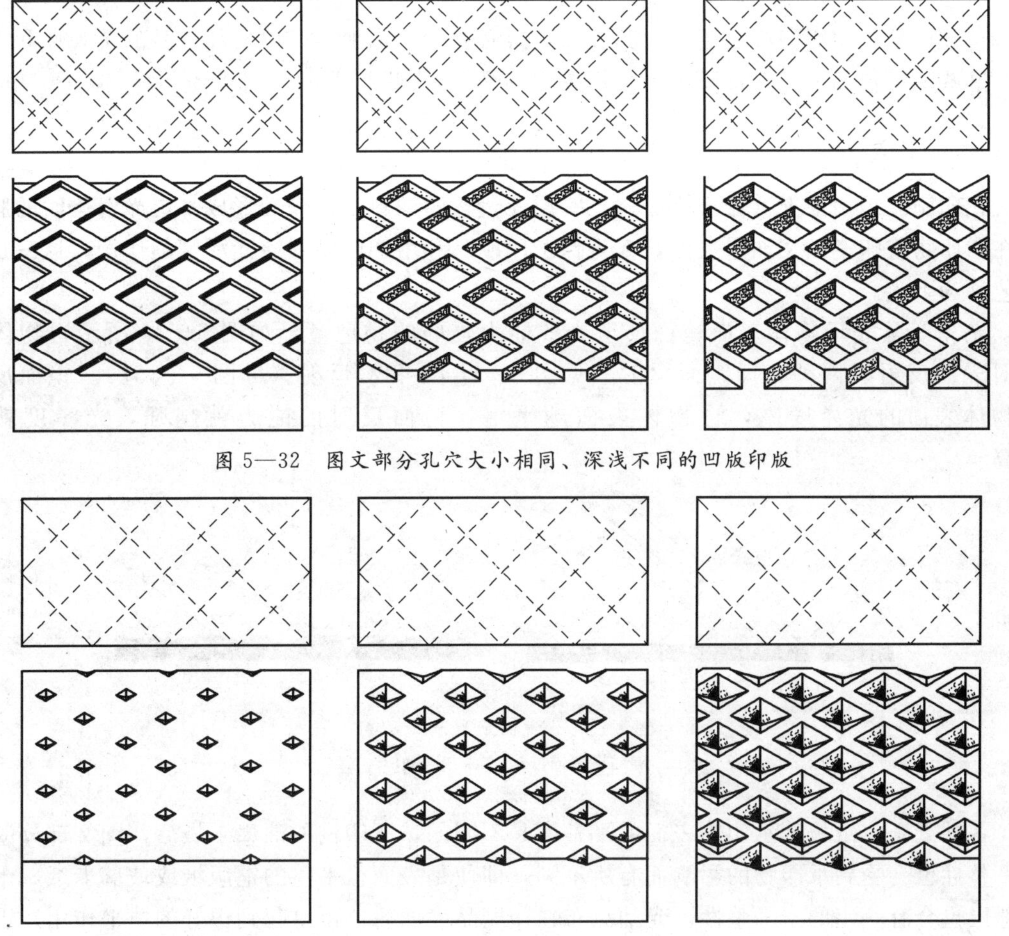

图 5—32　图文部分孔穴大小相同、深浅不同的凹版印版

图 5—33　图文部分孔穴大小和深浅不同的凹版印版

6. 图 5—34 所示为凹版激光雕刻的制版过程示意图，对照该图分析凹版雕刻制版的基本过程。

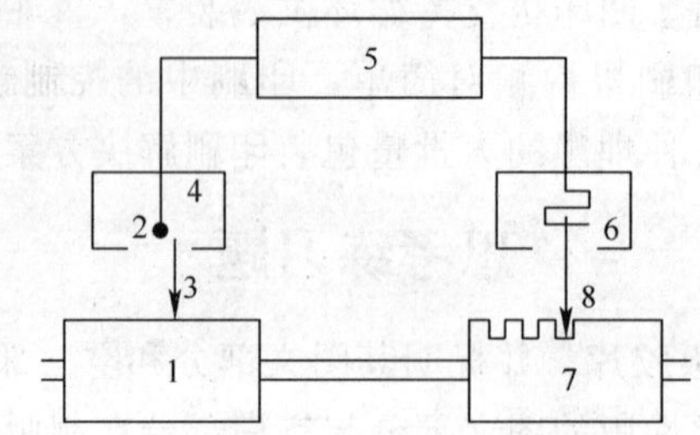

图 5—34　凹版激光雕刻的制版过程
1—原稿滚筒　2—光电转换器　3—扫描光线　4—扫描头　5—处理控制计算机
6—雕刻头　7—凹版滚筒　8—刻刀

第四节　包装印刷整饰加工

包装产品在印刷完成后还要对其表面进行必要的整饰加工，以增加产品的美观性和实用性。这些加工包括上光、覆膜、电化铝烫印（烫金）、凹凸压印等。

一、上光

在印刷品表面涂上（涂布或印刷）一层无色透明油料，干燥后形成一层光滑透明的膜覆盖在承印物或印刷图文油墨表面，起到保护印刷品和增加印刷墨层光泽度的作用，这一加工工艺称为上光。

光泽度是表示物体表面镜面反射光线能力强弱的物理量。如图 5—35 所示，物体表面对光的反射有两种，即镜面反射（见图 5—35a）和漫反射（见图 5—35b）。镜面反射时物体表面的光泽度高，且物体表面越平滑，镜面反射的能力就越强，光泽度就会越高。

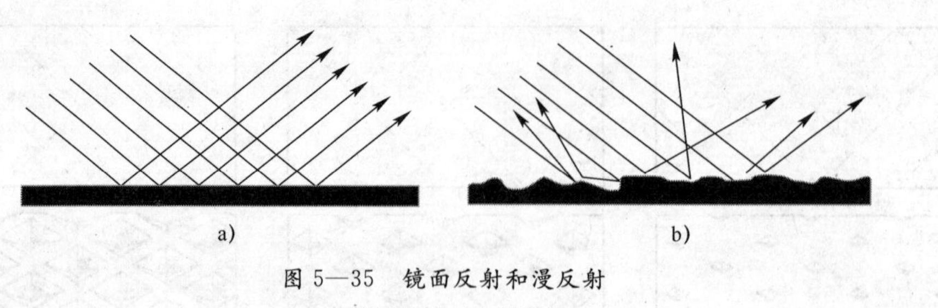

图 5—35　镜面反射和漫反射
a）镜面反射　b）漫反射

各种纸张、纸板等承印物表面的平整度是不同的，所印刷的油墨干燥后，图文部分墨层的平整性也会受到承印物的影响而有所不同，即使是表面很平整的铜版纸或玻璃卡纸，干燥后墨层也会有一定的不平整性。光油涂布在印刷品表面后，可以起到很好的填平作用，干燥时流平性较好，使得光油干燥后的膜面平整，且无色透明的光油层不会影响印刷油墨的色彩，是增加印刷品光泽度比较有效的手段之一。

上光除了可以增加印刷品表面光泽度进而提高印刷色彩的亮度和鲜艳度外，还可以起到一定的保护作用，印刷品的防水性、被覆盖墨层的耐磨性都大为增加，对于包装印刷品来说，这些对提高包装的保护功能十分关键。

包装印刷上光的方式可分为两种。第一种是整体上光，就是对所印刷样张的整个版面实施上光，一般都是在专门的上光涂布机上进行。如果这种上光涂布机再配套压光装置，就会得到光泽度更好的上光效果。第二种是局部上光，也称为联机上光，在印刷机上和印刷过程同步对印刷品的局部图文或区域进行上光。与整体上光不同的是，光油不是涂布到印刷品上，而是通过上光版印到承印物上。

图 5—36 所示为单张纸胶印机的联机上光装置。上光版滚筒的直径与印刷机组印版滚筒的直径相同。上光版使用较多的是凸版，上光部分凸起，非上光部分凹下，从而实现有选择的局部上光。图 5—36a 所示为辊式上光装置，着油辊从油斗辊接收光油后向上光版上光部分涂布光油，光油可以通过循环供油装置不断得到补充。供油部分主要由胶辊组成，这种装置结构简单，但光油上光厚度较难控制。图 5—36b 所示为腔式上光装置，光油由一个网纹辊和一个带有两面刮刀的密封腔提供。网纹辊在两个刮刀之间与密封腔中的光油充分接触，孔穴中填满光油。在刮刀的刮压下，网纹辊便带有一层薄而均匀的光油膜，再转移到上光版的上光部分。上光光油的厚度可以通过更换不同网目数的网纹辊来调节。

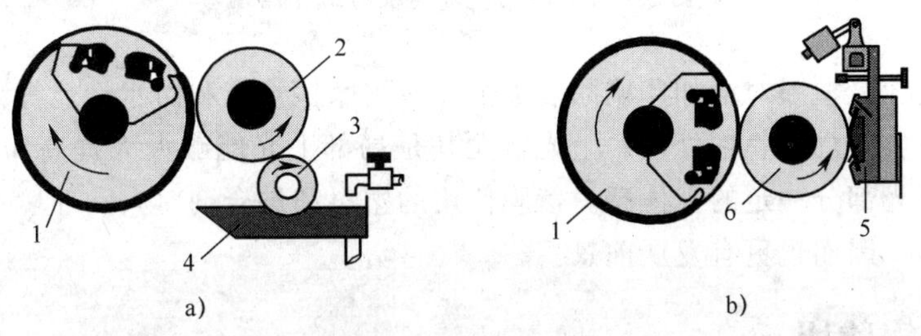

图 5—36　单张纸胶印机的联机上光装置

a）辊式上光装置　b）腔式上光装置

1—上光版滚筒　2—着油辊　3—油斗辊　4—油斗　5—密封腔　6—网纹辊

上光光油的种类也很多，依据光油不同的干燥方式常分为氧化结膜光油、挥发干燥光油、紫外光干燥光油（UV 光油）、红外光干燥光油（IR 光油）等。整体上光使用的光油以氧化结膜光油、挥发干燥光油为主，局部上光则多使用氧化结膜光油、紫外光干燥光油（UV 光油）、红外光干燥光油（IR 光油），尤其是 UV 光油和 IR 光油上光工艺在高档包装印制中使用得越来越普遍。

二、覆膜

覆膜也是增加印刷品光泽度并起保护作用的一种表面整饰工艺。它是将薄而透明的塑料薄膜用黏合剂，经加热、加压裱合于印刷品表面的加工过程。覆膜工艺使用的设备称为覆膜机。

覆膜工艺按黏合剂涂布与裱合的方式分为即涂型覆膜工艺和预涂型覆膜工艺。

即涂型覆膜工艺是在印刷品或薄膜表面涂布黏合剂后就进行热压裱合。图 5—37 所示为一种常见的即涂型覆膜机的工作原理，它由五个部分组成：开卷部分，用于裱合的薄膜都是卷筒的，印刷品则有卷筒印刷和单张印刷两种形式，卷筒印刷的纸张也需要进行开卷；涂布裱合部分，负责将黏合剂均匀涂布到塑料薄膜上，并和印刷品裱合到一起，裱压辊带有加热装置，保证塑料薄膜与印刷品的充分黏合；干燥装置，裱合后进入干燥通道，一般采用热风进行干燥；冷却装置，为了便于后面的处理，加热干燥后都要进行冷却；收卷装置，这是覆膜机最后一个装置，对于卷筒形式的印刷品覆膜来说，收卷部分会设有分切装置。预涂型覆膜工艺则将黏合剂预先涂布在薄膜上，经烘干收卷作为商品出售，覆膜时无须再涂布黏合剂，直接与印刷品热压裱合即可。

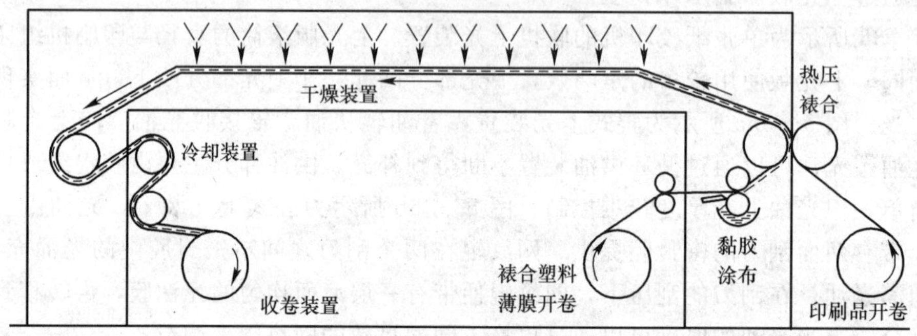

图 5—37　即涂型覆膜机的工作原理

与上光相比较，覆膜对增加印刷品表面强度、耐摩擦性能和防水性能等方面的作用非常明显，但它无法实现局部整饰处理。上光，尤其是局部上光能够大大提高印刷品的光泽度，并能给予局部上光部分一定的立体感。覆膜使用的塑料和黏合剂对人和环境不利，而上光比覆膜要环保得多，因而也更有发展前景。

三、电化铝烫印

电化铝是一种复合材料，如图 5—38 所示，基膜层多为涤纶薄膜，是电化铝其他各涂层的基础，也决定了电化铝的强度和尺寸稳定性。醇溶性树脂染色层决定了电化铝的颜色，现在已经有成百上千种色彩的电化铝，如金色、银色、红色、绿色等。金色是最常用的颜色，因而烫金几乎成了电化铝烫印的代名词。镀铝层是气态金属铝在真空状态下均匀附着于染色层表面形成的一层很薄的铝膜。铝是很好的反光材料，它可以使染色层的颜色呈现出金属的光泽。胶黏层的作用是使电化铝烫印时，在压力作用下将镀铝层和染色层与基膜层分离并黏

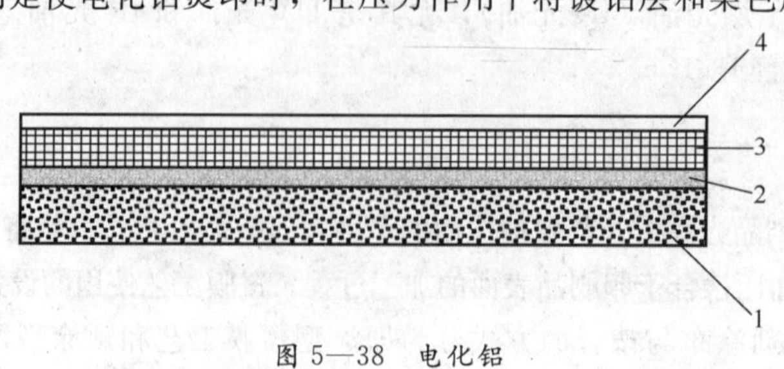

图 5—38　电化铝

1—基膜层　2—醇溶性树脂染色层　3—镀铝层　4—胶黏层

附到被烫印材料上。

电化铝烫印是在烫印机上完成的，这种设备类似于凸版印刷机，所不同的是无需油墨和输墨装置，而是加装了电化铝卷带的传送和控制装置。图 5—39 所示为包装印刷领域常见的电化铝烫印机烫印的示意图，其中烫印印版是由铜或锌制成的凸版，粘贴或固定在带电加热装置的底板上，印版在此间接被加热（依据不同种类的电化铝和烫印面积，烫印温度控制在 70～180℃之间）。烫印中的电化铝带单向步进移动，烫印的压力来自于合压板，被烫印的材料置于其内。

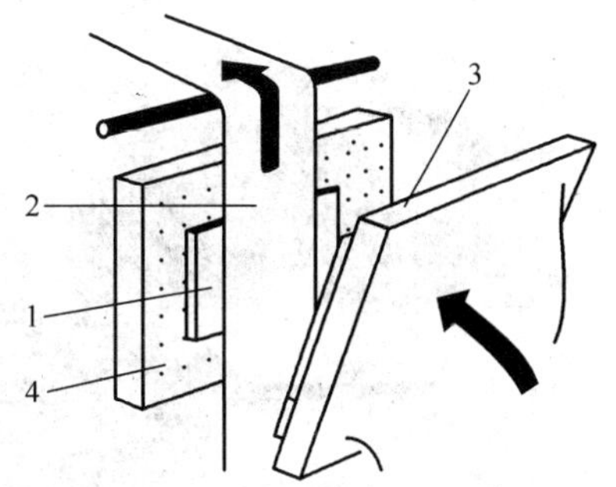

图 5—39　电化铝烫印机和烫印
1—烫印印版　2—电化铝带
3—合压板　4—加热底板

四、凹凸压印

凹凸压印也称模压，是在承印物上压印出凸起或凹下的文字、花纹图案的 种整饰加工工艺，与其他整饰加工方法不同的是，它不使用任何成色物质或油料，只用两块互相吻合对应的金属模压版，通过加热加压，使印刷品表面发生一定变形，形成具有立体浮雕感的稳定的图案。凹凸压印工艺原理如图 5—40 所示，印刷品在上下两块模压版模压下发生相应的变形。衬垫材料保护印刷面墨层，防止蹭脏，并对模压版在合压时起到一定的缓冲保护作用。凹凸压印的实施过程与普通的凸版印刷相同，所使用的印刷机多为平压平式。为了得到形状相对稳定的凹凸压印浮雕效果，模压时在保证必要压力的同时，对膜压版适当加热。凹凸压印得到的立体浮雕效果不仅可以在印刷品正面看出，从印刷品背面也可以明显看出。

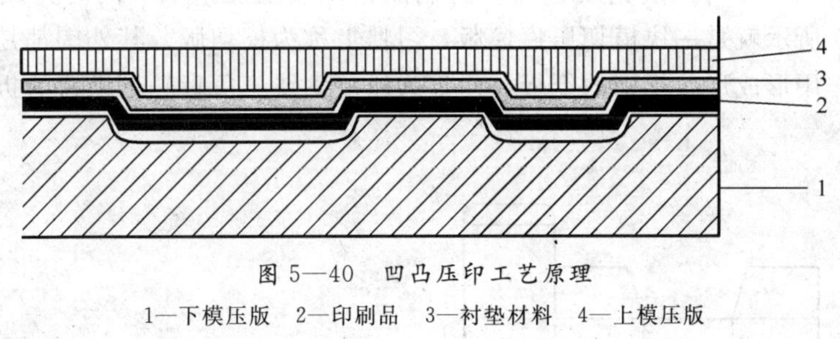

图 5—40　凹凸压印工艺原理
1—下模压版　2—印刷品　3—衬垫材料　4—上模压版

思考练习题

如图 5—41 所示为罗兰印刷机上使用的两种上光装置，指出图中各辊（或滚筒）的名称，并分别说明这两种上光装置的工作原理和特点。

图 5—41　两种上光装置

第五节　模切与压痕

如果将图 5—42a 所示的包装盒拆开，可以得到图 5—42b 所示的不规则纸板。对于不规则形状印刷产品的裁切，使用模切是唯一的有效手段。

模切是把钢刀片排成模切版，在模切机上将印刷品压切成一定形状的加工方法。用普通切纸机无法裁切成圆弧或其他复杂外形的印刷品都需要进行模切。

如果将钢刀片锋利的刀刃去掉，那么在印刷品上轧压后，就会留下槽痕，沿着这道槽痕，纸板就可以很容易地被弯折，这种加工过程称为压痕。模切与压痕可分开单独进行，但通常都是将模切钢刀片与压痕钢线合在一起制成一块模切压痕版，同时完成模切和压痕工艺。如图 5—43 所示就是一块模切压痕模版，习惯上称为模切版。其外围都是模切刀片，通过它们的切断作用形成形状规则的纸板，内部为压痕钢线，负责轧压纸盒的折叠槽痕。

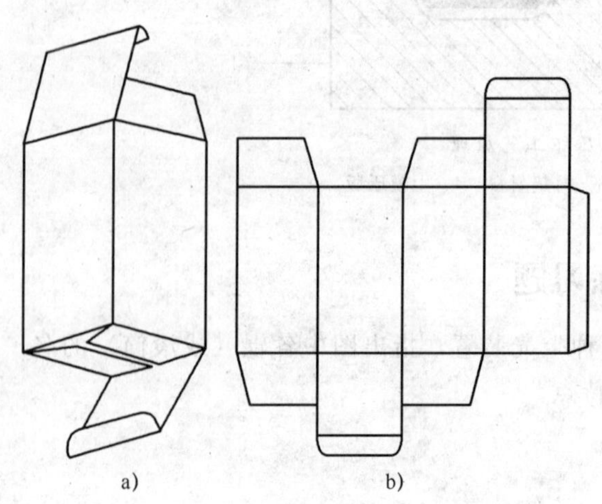

图 5—42　包装纸盒及其展开图

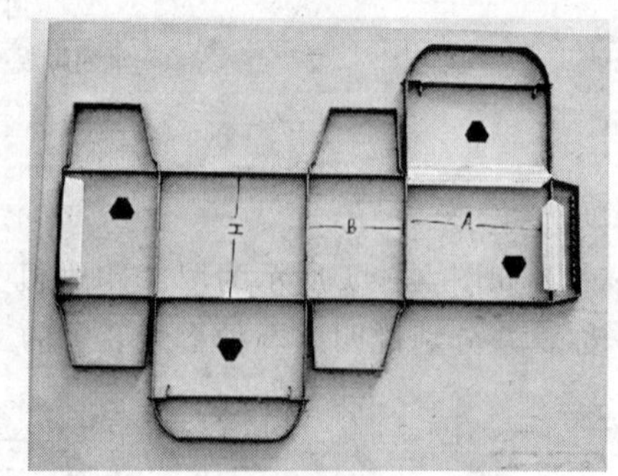

图 5—43　模切压痕模版

除了模切钢刀片和压痕钢线外，模切版上一般还会有一些其他功能的刀线，如图 5—44

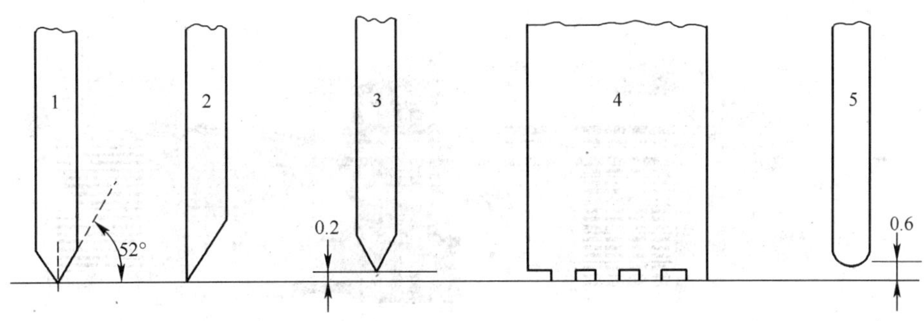

图 5—44　不同形状的刀线

1—双刃模切刀片　2—单刃模切刀片　3—半切压痕刀线　4—扎孔线刀片　5—压痕钢线

所示。

在模切压痕工艺中，制作模切版是整个工艺的关键。模切版的制作俗称排刀或排刀版，具体过程是根据盒型设计的要求，在木板上切锯出刀缝，将钢刀片或其他刀线经弯折后嵌入固定。为了使模切操作时被模切的纸张或纸板不被夹住、黏刀和便于取出，在排刀时必须在钢刀片两侧粘上弹性很强的小块方形橡皮，如图 5—45 所示。

模切使用的机器称为模切机，它是由凸版印刷机演变而来的，依据施压的形式分为平压平模切机、圆压平模切机和圆压圆模切机三种。由于模切需要很大的压力，目前使用的加工纸制品的模切机以平压平模切机为主，图 5—46 所示就是这样的一台模切机，俗称老虎机。在施压板上固定一块表面粘有白板纸的薄钢板，调整好与模切版的压力，模切时将印好的纸板按规定的位置放置在薄钢板上，经过合压、整理、去除空白纸边，就可以得到所需形状的成品。配置较好的模切机上会装有自动放料和收料装置，从而实现自动模切。

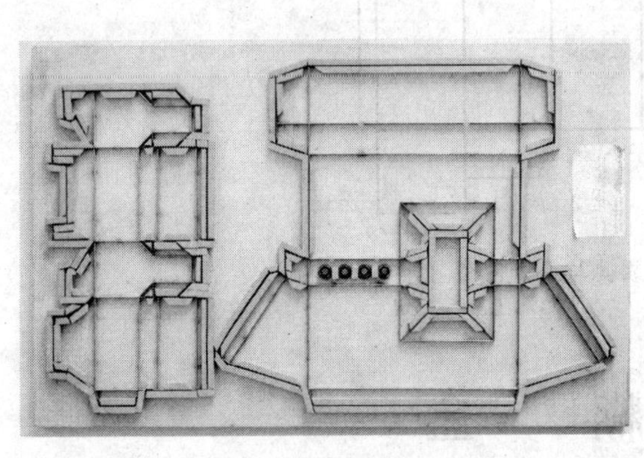

图 5—45　模切版

图 5—46　平压平模切机（老虎机）

1—自动放料收料装置　2—模切版　3—施压板

全自动平压平模切机的工作原理如图 5—47 所示，这种模切机的自动化程度较高，可以进行较大尺寸的模切，且在模切完成后能够自动退废，并将大版面分切得到的小成品进行自动分料堆积，从而大大提高了模切质量和效率。

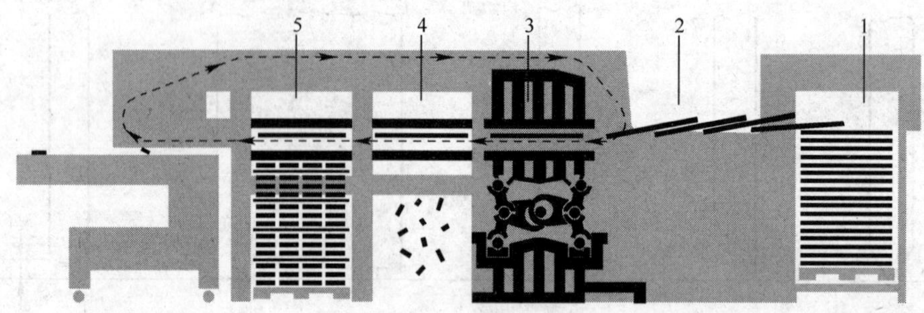

图 5—47　全自动平压平模切机的工作原理

1—自动输纸装置　2—输纸控制与定位　3—平压平模切单元
4—自动退废单元　5—自动分料堆积单元

思考练习题

1. 在图 5—42b 中，对照包装盒在其展开图中将需要模切的线用红笔描出，需要压痕的线用蓝笔描出。尝试一下自己用一块纸板做出类似的一个纸盒来，想一想，这种纸盒是折叠纸盒还是黏合纸盒？

2. 在图 5—48 所示的包装盒与展开图中，将需要模切的线用红笔描出，需要压痕的线用蓝笔描出。自己尝试用一块纸板做出类似的一个盒子来。这种纸盒是折叠纸盒还是黏合纸盒？

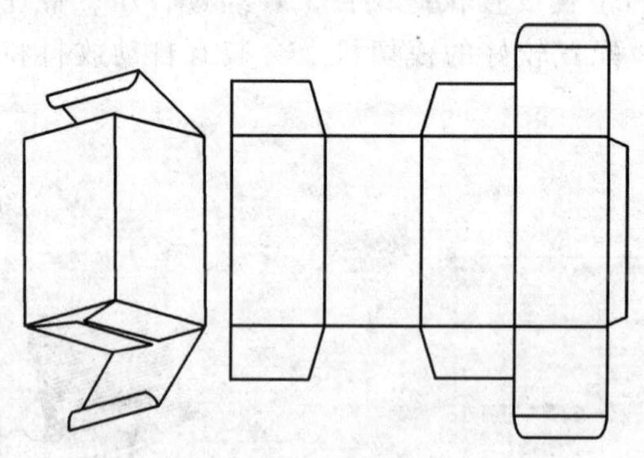

图 5—48　包装盒与展开图

第六节　糊　　盒

将模切后的包装半成品通过折叠、施胶、黏合而成盒的工艺过程，称为糊盒。糊盒可以通过手工完成，但现在越来越多地采用糊盒机自动完成。

为了更好地理解糊盒过程，在此以图 5—49 为例加以说明。

步骤 1：进料。将模切后得到的纸盒的盒料输送进入糊盒机，其中 1、2、3 为需要折叠的 3 个封口，A、B、C、D 为 4 个成盒折痕线。

步骤 2：折叠封口 1。

步骤 3：折叠封口 2 和 3。

步骤 4：施胶。采用点胶方式在折叠后的封口 1 上涂布黏合胶。

步骤 5：沿折痕线 A 折叠纸盒。所涂布的黏合胶会将折痕线 A 两边的部分黏合在一起。

步骤 6：沿折痕线 B 折叠纸盒，折痕线 B 两边的部分黏合在一起，完成糊盒，随后再做压平处理。

将经步骤 6 压平后的纸盒撑开，就得到最终的成品纸盒。

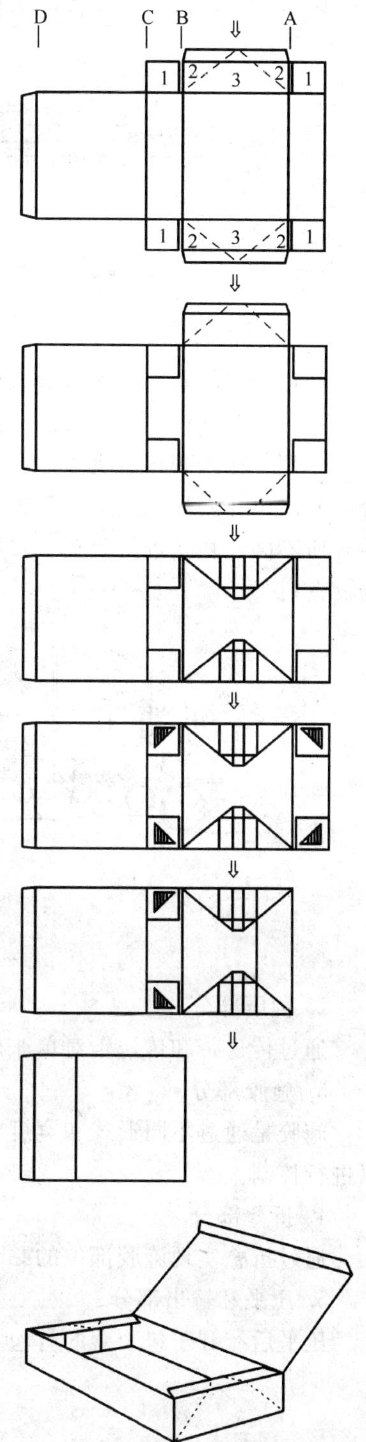

图 5—49　糊盒过程

图 5—50 所示为糊盒机的工作原理，它由五个部分组成。

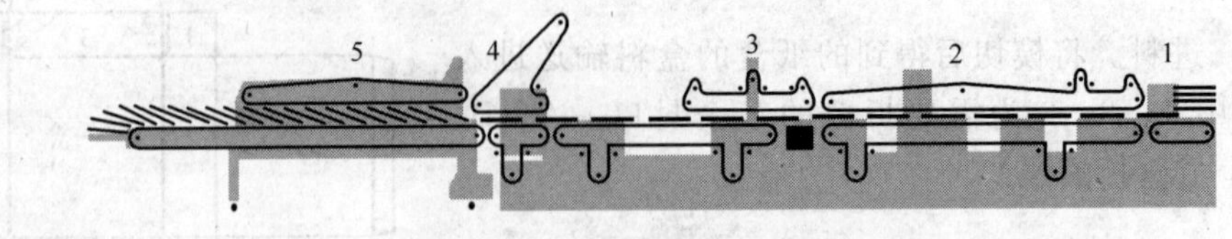

图 5—50　糊盒机的工作原理

1—进料部分　2—预压部分　3—施胶部分　4—折叠部分　5—压平和输出部分

1. 进料部分

经过处理的盒料以平张形式由此输送进糊盒机。目前使用的糊盒机的进料装置主要有两种，图 5—51a 所示为纸堆式进料装置，盒料以纸堆方式加放至进料口，然后在传送带的摩擦力作用下输入到糊盒机中。图 5—51b 所示为片式进料装置，盒料在放入时，斜板将盒料分离开以单片的形式送达摩擦进料口，输入到糊盒机中。两种进料方式对使用中的产品适应性有所不同，片式进料装置主要用于幅面较大的糊盒机，而纸堆式进料装置则多用于小幅面的糊盒机。

图 5—51　糊盒机的两种进料装置

a）纸堆式进料装置　b）片式进料装置

2. 预压部分

通过传送带和传送辊对单张的盒料进行压平处理，通常也会附设加热装置。

3. 施胶部分

施胶是通过不同形式和宽度的施胶辊实现的，根据盒型的不同，施胶的位置、长度都可以进行控制。

4. 折叠部分

通过折叠实现施胶部位的黏合，即糊盒。

5. 压平和输出部分

压平后有利于包装盒的打包和储存运输。

思考练习题

依据图 5—52 所示的纸盒盒型图及其展开图，尝试手工制作这些纸盒，看看哪些是折叠纸盒，哪些需要糊盒（订盒）处理。

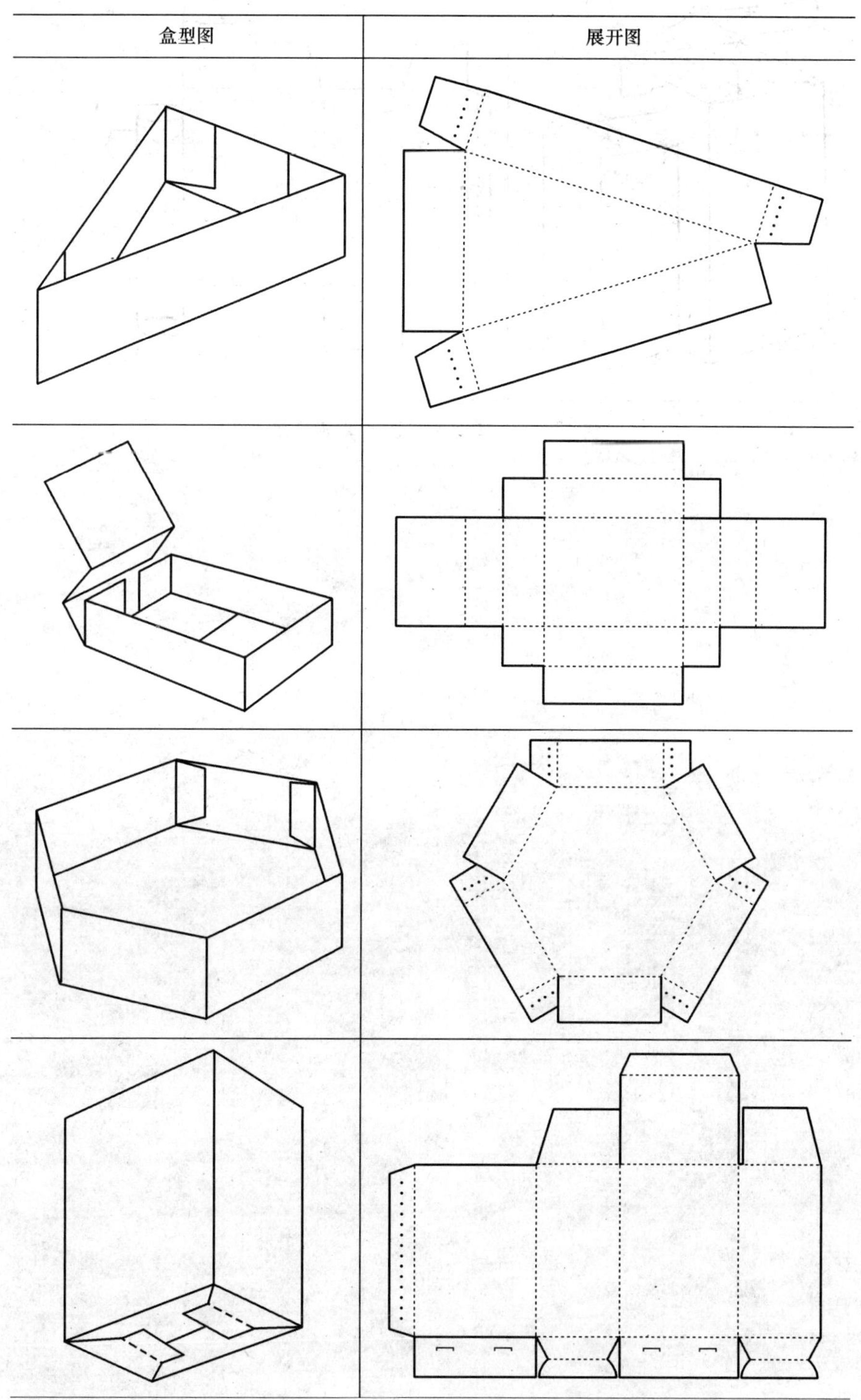
盒型图
展开图

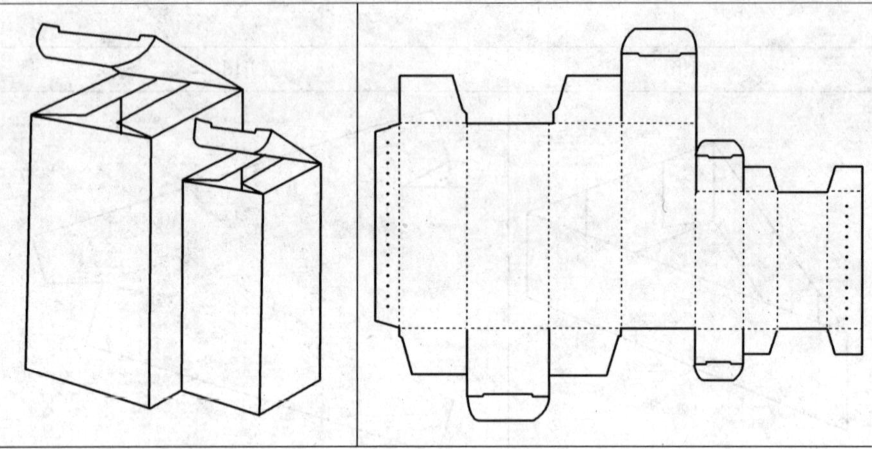

图 5—52　纸盒盒型图及其展开图